黄土高原土壤侵蚀季节变化研究

郁耀闯　王长燕　著

科学出版社

北京

内 容 简 介

本书结合土壤侵蚀过程 WEPP 模型，详细系统地介绍了我国黄土高原地区土壤侵蚀的季节变化现状。全书共 9 章，第 1 章介绍了国内外土壤侵蚀研究概况；第 2 章介绍了研究区概况、研究目标、内容与方法；第 3 章介绍了农耕地作物生长参数季节变化；第 4 章介绍了农耕地和退耕草地土壤性质季节变化；第 5 章介绍了土壤入渗季节变化特征；第 6 章介绍了土壤分离能力季节变化特征；第 7 章介绍了土壤细沟可蚀性季节变化特征；第 8 章介绍了土壤临界剪切力季节变化特征；第 9 章对未来的研究进行展望。

本书可供从事水土保持、土壤侵蚀、地理学、生态环境、国土资源开发与整治、环境保护等研究的科研人员，高等院校相关专业师生及相关领域的管理人员参考借鉴。

图书在版编目（CIP）数据

黄土高原土壤侵蚀季节变化研究/郁耀闯，王长燕著. —北京：科学出版社，2020.5
　ISBN 978-7-03-064085-7

Ⅰ. ①黄… Ⅱ. ①郁… ②王… Ⅲ. ①季节变化-影响-黄土高原-土壤侵蚀-研究　Ⅳ. ①S157

中国版本图书馆 CIP 数据核字（2020）第 015411 号

责任编辑：祝　洁　杨向萍 / 责任校对：杜子昂
责任印制：张　伟 / 封面设计：陈　敬

科学出版社 出版
北京东黄城根北街 16 号
邮政编码：100717
http://www.sciencep.com

北京中石油彩色印刷有限责任公司 印刷
科学出版社发行　各地新华书店经销
*
2020 年 5 月第 一 版　　开本：B5(720 × 1000)
2020 年 5 月第一次印刷　印张：11 1/4
字数：223 000
定价：98.00 元
（如有印装质量问题，我社负责调换）

前　言

　　黄土高原地区气候干旱、降水集中、地形支离破碎、植被覆盖率低，加之人类对自然资源的不合理利用，加剧了土壤侵蚀。该区是我国水土流失最严重的地区之一，受多种因素的综合影响，水土流失面积在继续扩大。农耕地是该区黄河泥沙的主要来源。强烈的土壤侵蚀使黄土高原的水土资源受到严重破坏，土地日益贫瘠，生态环境逐渐恶化，给当地的工农业发展带来巨大的影响，是我国干旱半干旱地区农业与社会经济发展中的重要环境问题，也是社会发展中亟待解决的全局性重大问题。

　　我国黄土高原地区土壤侵蚀严重。国家实施了"退耕还林还草"等重大生态工程，来保护黄土高原地区的生态环境。植树造林是我国控制土壤侵蚀的根本措施之一。植被根系稳定近地表层土壤结构、减少地表径流量以及减缓土壤分离过程的机理及其有效性，是植被-土壤相互作用动态过程研究中亟待解决的问题。在植被生长季内，植被根系的生长会引起土壤理化性状的改变，土壤理化性状的季节变化可能影响土壤分离过程，研究工作仅欧洲有零星报道。但以往的研究多集中于缓坡，陡坡条件下土壤分离过程的影响机制尚不清楚。在黄土高原植被生长季，根系的生长会引起土壤理化性状等因素的改变，进而引起土壤分离过程发生变化。目前尚不清楚它们之间的定量关系，需要开展定量研究。

　　本书结合土壤侵蚀模型由经验向过程转变的国际大趋势，围绕植被恢复条件下我国黄土高原土壤侵蚀机理研究的国家重大需求，以土壤侵蚀水动力学为核心，通过室内和野外实验，开展黄土高原典型农耕地、退耕草地土壤分离过程季节变化及其影响机制研究，探索黄土高原农事活动、植被根系生长和土壤性质季节变化等因素对土壤分离能力、细沟可蚀性及临界剪切力的潜在影响，建立黄土高原土壤分离能力和细沟侵蚀过程模拟方程，对黄土高原土壤侵蚀过程机理模型的建立、深化土壤侵蚀模型由经验到过程转变的认知具有重要的理论和实践意义。

　　本书第1~4章由郁耀闯执笔；第5~8章由郁耀闯、王长燕共同执笔；第9章由郁耀闯执笔；全书由郁耀闯汇总定稿，并撰写其中15.1万字。

　　在水土保持与土壤侵蚀的理论学习和研究过程中，得到了前辈的指导及同事们的大力支持和帮助。衷心感谢博士生导师张光辉教授。从野外实验到本书内容设计及定稿,自始至终都倾注着张老师的心血。张老师治学严谨,为人宽厚,生活积极乐观,是我们学习的楷模。本书涉及的相关研究得到中国科学院安塞水土保持综合实验站的大力支持和帮助。在此,衷心感谢陈云明站长、徐炳成副站长、吴瑞俊老师、姜俊老师、李晓瑞、孙会和李聪慧在实验过程中的帮助和关心;感谢刘国彬研究员、赵景波教授、黄春长教授、牛俊杰教授、王兵副研究员、李振炜博士、孙龙博士、耿韧博士、马莉博士、包光博士和邵天杰博士;感谢穆兰博士、李强博士、南维鸽博士后、苗永平博士、杨维鸽博士等同窗,永远难忘一起度过的岁月。本书得到陕西省教育厅重点实验室项目"陕西关中地区人居环境安全性研究(05JS40)"、"宝鸡文理学院重点学科建设经费"、"宝鸡文理学院优秀学术著作出版基金"、宝鸡市社科项目(BJSKZX-201845)、宝鸡市科学技术协会决策咨询项目(KXJCZX-201808)、宝鸡文理学院重点科研项目(ZK2017039,ZK2017040)的资助。在写作过程中,宝鸡文理学院的领导和同事们给予了热情支持和帮助,科学出版社编辑付出了辛勤劳动,在此表示衷心感谢!撰写过程中参考了国内外许多学者的研究成果,对此对相关作者深表谢忱!

由于作者才疏学浅,书中难免有不妥之处,敬请读者不吝赐教。

郁耀闯
2019 年 11 月于宝鸡润德园

目 录

前言
第1章 绪论···1
  1.1 研究背景及意义···1
  1.2 国内外研究进展···3
    1.2.1 土壤分离主要影响因素研究··3
    1.2.2 土壤分离能力季节变化··15
    1.2.3 土壤侵蚀过程主要影响因素研究···16
  1.3 目前存在的问题··19
  1.4 主要内容···20
    1.4.1 研究目标···20
    1.4.2 研究内容···20
    1.4.3 关键问题···20
  参考文献···21
第2章 研究区概况与研究方法··34
  2.1 研究区概况··34
  2.2 研究方法···35
    2.2.1 技术路线···35
    2.2.2 实验样地建立及管理··36
    2.2.3 土壤分离能力实验···38
    2.2.4 土壤分离能力季节变化实验···42
    2.2.5 土壤细沟可蚀性和土壤临界剪切力计算·····································43
    2.2.6 土壤稳定入渗率测定··43
    2.2.7 土壤理化性质测定···44
    2.2.8 植被参数测量···45
    2.2.9 数据处理方法···46
  参考文献···47
第3章 农耕地作物生长参数季节变化···49
  3.1 实验期降水与气温···49
  3.2 作物株高季节变化···50
  3.3 作物株径季节变化···51

3.4 作物盖度季节变化 ···53
3.5 作物生物量季节变化 ···54
3.6 作物根重密度季节变化 ··56
3.7 作物根冠比季节变化 ···57
3.8 本章小结 ···59

第4章 农耕地和退耕草地土壤性质季节变化 ·······················60
4.1 农耕地土壤性质季节变化 ·······································60
  4.1.1 农耕地土壤容重生长季变化 ·····························60
  4.1.2 农耕地土壤黏结力生长季变化 ··························62
  4.1.3 农耕地土壤初始含水量生长季变化 ···················64
  4.1.4 农耕地土壤水稳性团聚体生长季变化 ················66
4.2 退耕草地土壤性质季节变化 ···································68
  4.2.1 退耕草地土壤固结力生长季变化 ·······················68
  4.2.2 退耕草地土壤水稳性团聚体生长季变化 ············70
4.3 本章小结 ···70
参考文献 ···71

第5章 土壤入渗季节变化特征 ···74
5.1 典型农耕地土壤稳定入渗率季节变化 ·······················74
  5.1.1 典型农耕地土壤稳定入渗率季节变化特征 ··········74
  5.1.2 典型农耕地土壤稳定入渗率季节变化影响因素 ···76
5.2 退耕草地土壤稳定入渗率季节变化 ··························79
  5.2.1 退耕草地土壤属性季节变化特征 ·······················80
  5.2.2 退耕草地土壤稳定入渗率季节变化特征 ············82
  5.2.3 退耕草地土壤稳定入渗率季节变化模拟 ············83
  5.2.4 退耕草地土壤稳定入渗率季节变化影响因素 ······85
5.3 本章小结 ···86
参考文献 ···87

第6章 土壤分离能力季节变化特征 ·······································90
6.1 典型农耕地土壤分离能力季节变化 ··························90
  6.1.1 农耕地土壤分离能力季节变化特征 ···················90
  6.1.2 土壤分离能力季节变化影响因素 ·······················93
  6.1.3 农耕地土壤分离能力季节变化模拟 ·················101
6.2 直根系退耕草地土壤分离能力季节变化 ··················104
  6.2.1 赖草地和紫花苜蓿地土壤分离能力季节变化特征 ···············104
  6.2.2 赖草地和紫花苜蓿地土壤分离能力季节变化影响因素 ···············106

		6.2.3 赖草地和紫花苜蓿地土壤分离能力季节变化模拟	109
	6.3	须根系退耕草地土壤分离能力季节变化	110
		6.3.1 冰草地和柳枝稷地土壤分离能力季节变化	110
		6.3.2 退耕草地土壤分离能力影响因素	111
		6.3.3 退耕草地土壤分离能力季节变化模拟	115
	6.4	本章小结	116
	参考文献		117
第7章	土壤细沟可蚀性季节变化特征		120
	7.1	典型农耕地土壤分离能力与水流剪切力关系	121
	7.2	典型农耕地土壤细沟可蚀性季节变化	132
		7.2.1 典型农耕地土壤细沟可蚀性季节变化特征	132
		7.2.2 典型农耕地土壤细沟可蚀性季节变化影响因素	134
		7.2.3 典型农耕地土壤细沟可蚀性季节变化模拟	141
	7.3	直根系退耕草地土壤细沟可蚀性季节变化	143
		7.3.1 赖草地和紫花苜蓿地土壤细沟可蚀性季节变化特征	143
		7.3.2 退耕草地土壤细沟可蚀性季节变化影响因素	145
		7.3.3 退耕草地土壤细沟可蚀性季节变化模拟	147
	7.4	须根系退耕草地土壤细沟可蚀性季节变化特征	149
		7.4.1 冰草地和柳枝稷地土壤属性季节变化	149
		7.4.2 冰草地和柳枝稷地土壤细沟可蚀性季节变化特征	151
		7.4.3 冰草地和柳枝稷地土壤细沟可蚀性季节变化模拟	152
		7.4.4 冰草地和柳枝稷地土壤细沟可蚀性季节变化影响因素	153
	7.5	本章小结	154
	参考文献		155
第8章	土壤临界剪切力季节变化特征		158
	8.1	典型农耕地土壤临界剪切力季节变化特点	158
	8.2	典型农耕地土壤临界剪切力季节变化影响因素	160
		8.2.1 农事活动	160
		8.2.2 土壤属性	161
		8.2.3 作物根系	165
	8.3	典型农耕地土壤临界剪切力季节变化模拟	166
	8.4	本章小结	168
	参考文献		168
第9章	展望		171

第1章 绪 论

1.1 研究背景及意义

土壤侵蚀是限制人类生存与社会经济发展的全球性重要环境问题之一,严重威胁着全球社会经济的可持续发展。我国是世界上土壤侵蚀最为严重的国家之一,其中水力侵蚀(水蚀)是主要侵蚀类型。根据全国第一次水利普查数据,截至 2011 年 12 月 31 日,我国水蚀面积约 130 万 km^2,约为国土面积的 13.5%(中华人民共和国水利部,2014)。

黄土高原地区气候干旱,降水集中,地形千沟万壑、支离破碎,植被覆盖率低,人类利用自然资源不合理,上述因素加剧了土壤侵蚀。黄土高原地区年土壤侵蚀模数平均为 5000~10000t/($km^2 \cdot a$)(Zhang et al.,2019a,2019b,2009b),是我国水土流失最为严重的地区之一。受多种因素的综合影响,该区水土流失面积仍然在继续扩大(鄂竟平,2008)。农耕地是该区黄河泥沙的主要来源(Zhang et al.,2009b,2008)。黄土高原耕地面积约 $1.46 \times 10^5 km^2$,分别占该区总面积和水土流失面积的 22.5%和 30.9%(国家发展改革委等,2011)。若按每生产 1kg 粮食产生 40~60kg 侵蚀泥沙计算,该区每年来自农耕地的侵蚀泥沙为 $(18.5 \sim 27.8) \times 10^8 t$(鄂竟平,2008)。黄土高原强烈的土壤侵蚀使该区的水土资源遭到严重的破坏,土地日益贫瘠,生态环境逐渐恶化,给当地的工农业生产和社会经济发展带来了巨大的影响,是我国干旱半干旱地区农业与社会经济发展中的重要生态环境问题之一,也是上述区域社会经济发展中亟待解决的全局性重大问题之一。黄土高原水土流失面积占该区总面积的 79%。每年流入黄河的 16 亿 t 泥沙来自黄土高原地区,约有 4 亿 t 沉积在下游河床,对黄河下游地区人民的生命财产构成了极大的威胁(汪岗,2002)。

水土流失所造成的一系列危害,已成为制约人类资源–环境–社会经济可持续发展与自然协调的瓶颈。因此,在黄土高原地区开展土壤侵蚀研究,探索土壤侵蚀过程与机理,对土壤侵蚀的防治和各类泥沙灾害治理具有重要意义。以往我国的土壤侵蚀研究主要集中于土壤侵蚀的时空特征与动态变化(李智广等,2008;鄂竟平,2008;朱显谟等,1999;辛树帜,1982;朱显谟,1965;黄秉维,1955),土壤侵蚀过程及调控机制(李彬彬,2009;余新晓等,2007;

姚志宏等，2007；江忠善等，2005；贾媛媛等，2005；江忠善等，2004；傅伯杰，2002；Liu et al.，2002；姚文艺等，2001；郭廷辅等，2001；郑粉莉等，2000；Liu et al.，2000；王万忠等，1996；Liu et al.，1994；朱显谟，1991)，黄河泥沙来源与粗泥沙集中来源区的界定（水利部黄河水利委员会，2006；水利部国际合作与科技司，2006；钱宁等，1979；龚时等，1979；Bagnold，1959)，风力侵蚀机制及沙漠化防治（王涛，2008；王涛等，2006；王涛等，2005)，侵蚀环境演变与调控（唐克丽，2004，1999；贺秀斌，1999；董光荣等，1998；景可等，1997；郑粉莉等，1995）等几个方面，对黄土高原地区土壤入渗过程、侵蚀分离过程和细沟可蚀性过程及其驱动机制的研究相对较少（唐科明，2012；Zhang et al.，2009b)。土壤分离过程是土壤侵蚀过程的起始阶段（Foster，1972)，它为土壤侵蚀过程中泥沙输移和沉积过程提供了物质准备。研究和分析土壤侵蚀分离过程发生、发展的水力、土壤、地形条件以及各过程间相互转化、相互影响的机理，是建立土壤侵蚀过程模型的基础（Huang et al.，1996；Owoputi et al.，1995；Foster，1972)。

1999年以来，我国在黄土高原地区实施了"退耕还林还草"等重大生态环境工程，来保护该区的生态环境。植树造林、退耕还草是我国土壤侵蚀控制的重要措施。另外，植被根系在生长过程中稳定近地表层土壤结构、降低（减缓）地表径流量以及减缓土壤分离过程的机理及其有效性方面是植被-土壤相互作用动态过程研究中亟待解决的问题。目前，国内外针对植被根系生长导致土壤属性改变，进而影响土壤侵蚀过程的相关研究仅限于欧洲比利时的黄土地带（De Baets et al.，2010；Knapen et al.，2007a；Gyssels et al.，2006；De Baets et al.，2006；Mamo et al.，2001a，2001b)，但陡坡条件下的相关研究开展得较少。陡坡条件下土壤侵蚀过程的驱动机制尚不明确。在我国黄土高原地区，植被生长季植被根系的生长会引起近地表层土壤属性的改变，这可能导致土壤侵蚀过程发生变化，尚不清楚它们之间的定量关系及驱动机制。

综上所述，结合土壤侵蚀模型由经验向过程转变的国际大趋势，围绕退耕还林还草条件下我国黄土高原地区土壤侵蚀机理研究的国家重大需求，以土壤侵蚀水动力学为核心，通过室内和野外实验，开展黄土高原地区典型农耕地和退耕草地土壤分离过程季节变化及其驱动机制研究，探索黄土高原地区农事活动、土壤性质季节变化和植被根系生长等因素对土壤入渗、分离能力、细沟可蚀性及临界剪切力的潜在影响，建立黄土高原地区土壤入渗过程、分离过程和细沟侵蚀过程模拟方程，对黄土高原地区土壤侵蚀过程机理模型的建立、深化土壤侵蚀模型由经验到过程转变的认知具有重要的理论和实践意义。

1.2 国内外研究进展

土壤分离是指在降水击溅或径流冲刷作用下土壤颗粒离开原始母质的过程，它为泥沙输移和泥沙沉积过程提供了物质基础。国内外对由降水击溅引起的土壤分离过程开展了大量的研究（Ao et al.，2019；Alavinia et al.，2019；Kiani-harchegani et al.，2019；Liu et al.，2019；Huang et al.，1996；Owoputi et al.，1995；Foster，1972），而对由径流冲刷所引起的土壤分离过程，研究明显较为薄弱（Zhang et al.，2019a，2019b，2003；Sun et al.，2016a；Wang et al.，2016；Li et al.，2015a；Nearing et al.，1999，1997，1991；Lyle et al.，1965）。土壤分离过程通常受控于坡面流水动力学条件、土壤属性和植被根系的生长。

土壤分离速率是指单位面积、单位时间内土壤颗粒离开原始母质的质量，是量化土壤分离过程的重要指标，通常随着坡度或流量的增大而增大。坡度和流量的不同组合能够很好地预测土壤分离速率。土壤分离速率也与水流剪切力或水流功率关系密切（Li et al.，2019；Wang B et al.，2018；Wang Y et al.，2018；Xing et al.，2018；Zhang et al.，2008，2003，2002；Nearing et al.，1999），随着坡面流含沙量的增加，土壤分离速率受输沙反馈效应的影响而降低（Liu et al.，2019a，2019b；Yang et al.，2018；Guo et al.，2018；Knapen et al.，2007a；Govers et al.，2007；Zhang et al.，2005b）。当坡面流的含沙量为0时，土壤分离速率最大，此时的最大土壤分离速率称为土壤分离能力。土壤分离速率主要是土壤特性和水动力学参数的函数。土壤分离速率在特定的土壤类型中主要受坡面流流态、流量、坡度、水深、平均流速、水流阻力和含沙量等水力状况的影响（Zhang et al.，2019a，2019b；Sun et al.，2016a；Wang et al.，2016；Li et al.，2015a）。

1.2.1 土壤分离主要影响因素研究

1. 坡面流水动力学参数对土壤分离的影响

1）坡面流及其流态

坡面流是土壤侵蚀的主要动力，分析坡面流水动力学特性有助于理解坡面土壤侵蚀过程的水动力学机理。以往关于坡面流水动力学的研究方法主要借鉴了明渠水力学的研究方法（Alonso，1981），但与明渠水流相比，坡面流具有时空异质性高，水流流态沿程不断变化的特点（Kirkby，1979）。因而，当坡面地表形态发生变化时（如地表微地形、植被以及枯落物覆盖等），坡面流的产生和汇集方式会有较大的改变,这会导致坡面土壤侵蚀过程发生改变。

坡面流流态不同往往会导致坡面流水动力学参数之间关系的明显不同,从而影响坡面流阻力特征和坡面侵蚀产沙过程。因此,坡面流的流态一直是坡面流研究中备受学者们关注的问题。但目前在学术界关于坡面流流态问题仍存在着较大争议,主要存在"混合流""扰动流""过渡流""搅动层流""特殊水流""伪层流"等多种观点(李勉等,2009),对坡面流流态的认识还存在不一致性(敬向锋等,2008;张光辉,2002;张科利,1999;姚文艺,1996;沙际德等,1995;江忠善等,1988;Emmett,1978)。

2)水深

坡面流水深是影响土壤分离过程的重要水动力学参数之一,可通过流量和流速的关系计算获取或者利用探针法进行测定(Zhang et al.,2010a,2010c,2009b,2008)。Nearing 等(1991)首次使用变坡实验水槽方法研究了土壤分离能力与水深之间的关系。结果表明:在坡度一定的情况下,土壤分离能力随着水深的增加而增大。Sirjani 等(2012)在不同坡度和流量组合条件下利用扰动土研究了土壤分离能力与水深之间的关系,得出了土壤分离能力随着水深的增加以线性形式增加的重要结论。Zhang 等(2002)和柳玉梅等(2009)研究了较大坡度范围内土壤分离能力与水深之间的关系,认为在坡度一定情况下,土壤分离能力随着水深的增加而增大,两者间呈幂函数关系。

3)流量与坡度

当坡度一定时,坡面水流流量越大,水流冲刷力就越大,坡面流土壤分离能力也就越大;反之,流量越小,坡面流土壤分离能力也就越小。Zhang 等(2002)在黄土高原地区以扰动土为实验土样,采用变坡实验水槽的方法,研究了土壤分离能力与坡度和流量的关系。结果显示:当坡度较小时,随着流量的增大,土壤分离能力与流量呈幂函数形式增加;当坡度较陡时,土壤分离能力与流量则呈线性函数形式增大。Xiao(2017)、郭继成(2013)和 Zhang 等(2003)的研究表明,随着流量增大,土壤分离能力始终呈线性函数形式增大。此外,柳玉梅等(2008)(实验土壤为扰动土褐土)、Wang(2012)(实验土壤为非扰动土红壤)的研究表明,土壤分离能力与流量之间呈线性函数关系。唐科明等(2012)在北京房山利用田间实验,采用变坡实验水槽的方法研究了柳枝稷和无芒雀麦的土壤分离能力,得出了土壤分离能力与流量和坡度呈幂函数关系的重要认识,申楠等(2015)的研究也证明了这一观点;Cao 等(2009)对几种道路的土壤分离能力的研究表明,土壤分离能力与坡度和流量呈线性函数关系和幂函数关系的情况都存在。

当流量一定时,坡度越大,土壤分离能力就越大。Zhang 等(2002)的扰动土实验结果表明,在相同流量条件下,随坡度的增大,土壤分离能力呈增加趋势，两者呈线性函数关系；蒋芳市等（2013）在崩岗地区的研究结果也得出了相同的结论。Zhang等（2003）的原状土实验结果则表明，当流量条件相同时，土壤分离能力均随坡度的增大而增大，两者呈幂函数关系。此外，柳玉梅等（2008）、Wang（2012）和唐科明等（2012）的研究表明，当流量条件相同时，土壤分离能力随坡度呈线性函数形式增大；Cao等（2009）的研究表明，当流量条件相同时，土壤分离能力随着坡度的增加而增加，两者呈线性函数（王秋霞等，2016）和幂函数关系的情况都存在。

虽然土壤分离能力随流量和坡度变化的函数关系形式不同，但以往的研究均表明，土壤分离能力可以用流量和坡度进行较好的预测。土壤分离能力与坡度和流量的函数关系可概括为

$$D_c = aq^b S^c \tag{1-1}$$

式中，D_c为土壤分离能力[kg/(m²·s)]；q为单宽流量(m²/s)；S为坡度(%)；a、b、c为常数，b和c的值在$0.5\sim2$变化（Prosser et al., 2000）。

4）流速

坡面流平均流速（V_m，m/s）是土壤侵蚀模型中重要的水动力学参数之一，它通常由流量、地形和土壤表面状况等多种因素综合决定（Zhang et al., 2003, 2002），是计算坡面流水流阻力、汇流时间、水流功率、单位水流功率等其他水动力学参数的基础（De Roo et al., 2015; Zhang et al., 2009a, 2009b; Morgan et al., 1998; Yu et al., 1997）。因此，在坡面径流冲刷实验条件下，精确测定坡面流平均流速是非常必要的。坡面流流速测定的常用方法为染色剂示踪法（Zhang et al., 2009a, 2003），但该方法测定的结果是坡面流表面的最大流速，需要通过修订才能获得坡面流的平均流速：

$$V_m = \alpha V_{surf} \tag{1-2}$$

式中，V_m为坡面流平均流速(m/s)；V_{surf}为染色剂法测定的表面最大流速(m/s)；α为流速修订系数。α通常受到雷诺数（Li et al., 1997, 1996; Emmett, 1970）、水深（Dunkerley, 2001）、水流扩散作用（Planchon et al., 2005）和输沙率（Li et al., 1997）的影响。对修订系数α的取值，不同学者得出的结论也各不相同。Horton等（1934）认为不同流态条件下α的取值不同：层流为0.67，过渡流为0.7，紊流为0.8。Li等（1999）在缓坡水流实验条件下，分析了坡度和雷诺数对修订系数α的影响，认为修订系数α随着坡度的增大而减小，随着雷诺数的增大而增大，并给出了计算公式：

$$\alpha = -0.1251 - 0.327\lg S + 0.114\lg Re \tag{1-3}$$

式中，α为修订系数；S为坡度（%）；Re为雷诺数。

Zhang等（2010b）研究了坡面含沙水流的水动力学特征，认为含沙量对修

订系数 α 的影响大于雷诺数对修订系数 α 的影响。

在已知坡面流水深的条件下，平均流速也可表示如下：

$$V_m = Q/Bh \tag{1-4}$$

式中，V_m 为平均流速（m/s）；Q 为流量（L/s）；B 为水槽宽度（m）；h 为水深（m）。

但以往所有关于坡面流速经验公式的研究，都是建立在 V 与 q、S、k 间关系基础上，只是考虑问题的出发点不同，才导致公式表达形式上的不同（Abrahams et al.，1996；Govers，1992；江忠善等，1988）。

随着流量和坡度的增大，坡面流流速呈上升趋势。Foster 等（1984）、江忠善（1988）、张科利（1998）和张光辉等（2002）认为坡面流流速是坡度和流量的幂函数；而 Govers 等（1992）、Nearing 等（1999）则认为在土壤细沟侵蚀中流速仅是流量的函数，与坡度相关性较小。

Kuznetsov 等（1998）、Sirjani 等（2012）研究认为，土壤分离能力和流速间存在着幂函数关系；Zhang 等（2002）、柳玉梅等（2009）的研究也表明，随着流速的增大，土壤分离能力呈幂函数形式增大，其相关性远大于土壤分离能力与流量、坡度或水深等单个水动力学参数，且往往容易测定。因此，用坡面流平均流速对土壤分离能力进行模拟和估算较为合适。

5）阻力系数

阻力系数是坡面流在流动过程中所受阻力大小的重要参数。阻力系数越大，水流克服坡面阻力所消耗的能量就越大，则用于坡面侵蚀的能量就越小，坡面侵蚀产沙就越少。目前达西-韦斯巴赫阻力系数（f）被广泛应用，其表达式为

$$f = 8gRJ/V^2 \tag{1-5}$$

式中，f 为阻力系数；g 为重力加速度（m/s^2）；R 为水力半径（m）；J 为水力坡度，通常取坡度的正弦值；V 为水流流速（m/s）。

对坡面流阻力的研究主要有模拟降水和放水冲刷两种方法。Emmett（1978）通过人工模拟降水，分别在光滑床面和底砂粒径为 0.5mm 的水槽上研究了坡面流阻力特征，坡度 1.03°~4.43°，结果发现阻力系数在 0.1~20 和 0.3~5.0 波动变化。Foster 等（1984）在 1.7°~5.16° 坡度范围内研究细沟水流特征时发现，细沟流阻力系数小于 0.5。Gilley（1992）、Abrahams（1994）、姚文艺（1996）、吴普特（1999）、张科利（1999）、丁文峰等（2001）、张光辉（2002）、向华（2004）、潘成忠（2007）等分别在不同坡度、流量、下垫面条件下，对坡面流阻力特征及变化规律做了详细探讨，但研究结果仍存在一定的差异。

关于阻力系数对土壤分离能力影响的研究还相对较少。少量研究认为阻力

系数越大，土壤分离能力越小，两者间呈幂函数关系（柳玉梅等，2009）。

6）水流剪切力

坡面流沿着坡面梯度方向运动，必将在其运动方向上产生一个作用力，这个作用力被称为水流剪切力。它的主要作用是冲刷土壤，破坏土壤原有结构，引起土壤颗粒分离。松散的土壤颗粒进入水流，伴随着水流的运动一起输出坡面。在水蚀预报模型（water erosion prediction project，WEPP）中，采用了水流剪切力的概念。水流剪切力可用水流密度（ρ，kg/m^3）、水深（h，m）和坡度（S，%）计算（Foster et al.，1984）。

1965年，Lyle等（1965）首次在坡度固定条件下，采用水槽冲刷实验研究了土壤分离能力与水流剪切力的关系，得出了它们之间存在着稳定关系的结论。Nearing等（1989）和Zhang等（2002，2003）利用水槽实验研究了土壤分离能力与水流剪切力的关系，认为随着水流剪切力的增大，土壤分离能力增大，二者间呈幂函数关系或线性函数关系，并且幂函数关系的拟合精度要高于线性函数关系的拟合精度。

7）水流功率

水流功率是指一定高度的坡面水流沿坡流动所具有的势能，其表达式为

$$\omega = \rho ghSV \tag{1-6}$$

式中，ω为水流功率（kg/s^3）；ρ为水流密度（kg/m^3）；g为重力加速度（m/s^2）；h为水深（m）；S为坡度（%）；V为水流流速（m/s）。

澳大利亚的GUEST模型（Griffith university erosion system template）中采用了有效水流功率ω来模拟土壤分离能力。此外，Nearing等（1999）、Zhang等（2002，2003）、Rose等（1983）和Hairsine等（1992）的研究均表明土壤分离能力同水流功率的关系比较密切，两者间存在着幂函数关系，能较好地预测土壤分离能力。肖海等（2016）研究表明，水流功率能够准确模拟土壤分离过程。

8）单位水流功率

单位水流功率的计算公式为

$$P = VS \tag{1-7}$$

式中，P为单位水流功率（m/s）；V为水流流速（m/s）；S为坡度（%）。

欧洲的土壤侵蚀模型（European soil erosion model，EUROSEM）和荷兰的林堡土壤侵蚀模型（Limburg soil erosion model，LISEM）中均采用了单位水流功率来模拟土壤分离能力。Morgan等（1998）、De Roo等（2015）研究认为单位水流功率能较好地模拟土壤分离能力。Wang等（2016）建立了径流能力的土壤分离模拟方程。

2. 土壤性质对土壤分离过程的影响

土壤分离过程发生在土壤表面，因此它受到表面土壤属性的强烈影响。土壤属性不仅依赖于土壤质地、矿物质、土壤有机质等土壤特征（Fox et al., 1998），而且还与气候变化的交互作用（Bissonnais et al., 2005）、植被覆盖度、土地利用、生物活性和植被根系的生长等因素密切相关。土壤类型、土壤质地、土壤容重、土壤抗剪强度、土壤黏结力、土壤有机质、土壤含水量和土壤水稳性团聚体的数量等都会影响土壤分离速率的大小（Zhang et al., 2008a, 2000; Barthès et al., 2002; Morgan et al., 1998; Ghebreiyessus et al., 1994; Nearing et al., 1988）。

1）土壤质地

土壤质地是土壤重要的物理性质之一，具体是指土壤中不同大小土壤颗粒间的组合状况，其平均粒径和黏粒含量通常被用来表示土壤抗蚀能力的强弱（Knapen et al., 2007b; Ciampalini et al., 1998; Nearing et al., 1991）。

Elliot 等（1990）研究了三种不同土壤质地类型条件下（砂壤土、粉砂壤土和黏壤土）土壤分离能力的差异，得出了在相同水流剪切力条件下，土壤分离能力砂壤土>粉砂壤土>黏壤土的结论。Ciampalini 等（1998）通过分析 3 种不同土壤类型土壤分离能力的差异，认为利用土壤黏粒含量可以很好地预测土壤分离能力。Morgan 等（2010）运用修订的 MMF（Morgan-Morgan-Finney）模型，通过对土壤分离总量的计算，将径流冲刷引起的土壤分离部分，分解为黏粒、粉粒和砂粒三部分土壤，很好地预测了砂土、砂壤土和黏土等三种土壤类型的土壤分离速率。De Baets 等（2007）比较了两种土壤类型（砂壤土和粉砂壤土）中不同植被根系结构对土壤分离能力的影响，得出了须根系植物在粉砂壤土中抵抗土壤分离的能力要大于在砂壤土中抵抗土壤分离的能力的重要认识；对于砂壤土而言，直根系植被的减沙效应随着水流剪切力的增大而减小；在粉砂壤土和砂壤土两种土壤类型条件下，不同水流剪切力条件下须根系植物的减沙效应没有显著性差异。

Zhang 等（2008）研究了黄土高原地区几种不同土地利用类型的土壤分离能力，结果发现土壤黏粒含量是预测土壤分离能力的较好指标之一；Wang 等（2012）对几种土地利用类型的土壤分离能力进行了研究，认为由页岩发育的土壤的分离能力要大于由第四季红色黏土发育的土壤的分离能力。Su 等（2014）对北京地区分成砂土和草甸土的研究表明，草甸土的土壤分离能力明显小于分成砂土。Li 等（2015a）的研究表明，黄土性土壤细沟可蚀性是红土性土壤细沟可蚀性的 1.5 倍。Geng 等（2015）的研究表明，土壤分离能力与粉粒含量呈负相关，这与 Wang 等（2013）的研究结果无显著相关关系不同。

2）土壤容重

土壤容重（g/cm³）是指单位容积内原状干土的质量，它对土壤中水分的保持以及土壤的抗蚀能力具有显著的影响。

Ouvry 等（1987）基于土壤容重增大可以减少土壤分离能力的假设，用农业机械将土壤压实来减少细沟侵蚀，但是这种机械措施减少土壤侵蚀的作用取决于冲刷时土壤表面的水分状况；Rauws 等（1989）用拖拉机的车轮对土壤进行碾压，发现在初始土壤含水量较低的情况下，车辙下比车辙周围的土壤更容易发生细沟侵蚀；Govers 等（1990）利用水槽冲刷实验研究了土壤初始含水量和土壤容重对土壤分离能力的影响，结果表明土壤容重在减少土壤侵蚀方面，很大程度上受控于土壤的初始含水量。当土壤初始含水量较低时，土壤表面较干，土壤颗粒遇水膨胀、分解，结构容易遭到破坏，土壤黏结力变小，抵抗土壤被侵蚀的能力下降，土壤容易被侵蚀。

肖培青等（2003）对黄土坡面侵蚀产沙进行了研究，结果表明土壤容重对侵蚀产沙过程的影响往往受到降水和汇流强度以及细沟发育过程等多种因素的影响；刘小勇等（2000）、郑世清等（1988）、朱显谟等（1993）的研究表明土壤侵蚀量均随着土壤容重的增大而降低；Zhang 等（2008）讨论了三种不同土壤容重农耕地的土壤分离能力差异，结果也表明土壤分离能力随着土壤容重的增大而减小。

3）土壤黏结力

土壤黏结力是指土壤在充分湿润情况下单位体积土壤抵抗外力扭剪时的能力。土壤黏结力越大，抵抗外界扭剪的能力就越大，土壤分离能力则越小；反之，土壤分离能力则越大。因此，土壤黏结力的大小往往直接影响土壤侵蚀的强度。在模型 EUROSEM 和 LISEM 中，土壤侵蚀阻力通常用土壤分离效率系数表示，并定义为土壤黏结力的函数（De Roo et al., 2015; Morgan et al., 1992）。土壤分离速率的计算公式为

$$D_r = \beta w v_s (T_c - q_s) \tag{1-8}$$

$$\beta = 0.79 e^{-0.85 SC} \tag{1-9}$$

式中，D_r 为土壤分离速率 [kg/(m²·s)]；β 为土壤分离效率系数；w 为细沟宽度（m）；v_s 为泥沙沉降速度（m/s）；T_c 为挟沙力 [kg/(m²·s)]；q_s 为输沙率 [kg/(m²·s)]；SC 为土壤黏结力（Pa）。

在摩根-芬尼土壤经验侵蚀模型（Morgan and Finney empirical erosion model, MMF）中，坡面流土壤分离能力采用坡面流量、坡度、植被覆盖率和土壤黏结力来计算（Vigiak et al., 2006）：

$$D_c = 0.002 Q^{1.5} S (1 - GC) / SC \tag{1-10}$$

式中，D_c 为土壤分离能力 [kg/(m²·s)]；Q 为坡面流流量（m³/s）；S 为坡度（%）；GC 为植被覆盖率（%）；SC 为土壤黏结力（Pa）。

土壤黏结力通常是坡面径流冲刷实验中模拟土壤分离速率的一个重要变量（Morgan et al.，1998）。当土壤颗粒比较紧实时，土壤颗粒间的黏结力往往较大，此时由坡面径流冲刷作用所导致的土壤分离速率往往受到限制。因此，当土壤黏结力较大时，土壤分离速率一般较小；反之，土壤分离速率则较大。在植被生长季内，植被根系生长往往会增加土壤黏结力（Simon，2005；Norris，2005；Gray et al.，1998，1982），进而降低土壤可蚀性（Wynn et al.，2006；Gyssels et al.，2006；De Baets et al.，2006；Mamo et al.，2001a，2001b）。Tengbeh（1993）研究表明，植物根系分泌的有机物导致土壤颗粒和土壤表面紧紧黏结并增加了根土基质之间的强度。因而，在植被生长季内，随着植被根系的生长变化，根系分泌物也会发生改变，从而导致土壤黏结力的季节变化，进而影响到土壤分离能力的变化。

4）土壤抗剪强度

当土体受到剪应力作用时，土体对抗剪应力增大所产生的阻力称为土壤抗剪强度。它是表征土壤抗蚀性的重要指标之一（Knapen et al.，2007b），与土壤颗粒之间的黏结力有着直接的对应关系。土壤抗剪强度指数能够解释土壤可蚀性在时间尺度上的变化（Léonard et al.，2004）也和影响土壤可蚀性的干容重、土壤含水量等其他土壤参数有关。土壤的抗蚀性通常由土壤基质之间的结合力提供（Hanson，1996）。尽管土壤抗剪强度指数通常是作为表征坡面流状态下土壤可蚀性的一个重要指标，但是这方面的研究相对较少（Knapen et al.，2007b；Morrison et al.，1994；Govers et al.，1993；Nearing et al.，1988；Franti et al.，1985）。

Léonard 等（2004）研究表明，土壤抗剪强度能够预测坡面流条件下土壤的临界剪切力，两者呈显著正相关关系。当水流剪切力小于土壤抗剪强度时，土壤颗粒仍然能够被分离的原因在于：①水流的脉动作用不仅是切应力方程的函数，而且也显著控制着土壤的分离过程，土壤临界剪切力低估了坡面径流施加给土壤颗粒的压力（Torri，1987）；②水土表面土壤颗粒之间的结合力远小于水土表面土壤颗粒之间的吸附拉力（Shainberg et al.，1996）；③在股流侵蚀带，径流的局部浓度能够让土壤临界剪切力低估土壤最大切应力的作用（Comino et al.，2010）。因此，并不是所有表征土壤侵蚀阻力的变量都能够用抗剪强度装置测量（Torri，1987）。Léonard 等（2004）曾撰文表示要寻找最简单的测量土壤抗蚀性的方法，但目前该问题仍未得到很好的解决。植被根系在土壤中通过穿插、交接等作用形成了根系锚网带，这种锚网带的形成通常能够极大地增强土壤颗粒间的抗剪强度，草本植被表现得尤为明显。

5）土壤初始含水量

Lyle 等（1965）、Grissinger（1972，1966）、Grissinger 等（1981）、Kemper 等（1985）、Rauws 等（1989）、Govers 等（2010，1990）、Nachtergaele 等（2002）研究表明，在股流条件下土壤的可蚀性可能会受到土壤初始含水量的影响。土壤初始含水量对土壤细沟可蚀性的影响机制比较复杂（Comino et al.，2010）。当土壤含水量较高时，土壤颗粒间的相对距离往往较远，形成凝聚结合的机会较少。相反，当土壤含水量较低时，土壤颗粒之间由于低能量和高黏结力而不能自由移动（Shainberg et al.，1996），此时所造成的细沟可蚀性往往相对较高。Grissinger（1972，1966）、Shainberg 等（1996）、Hanson 等（1999）曾假定存在一个最佳含水量，该含水量能形成土壤最大黏结力和最小细沟可蚀性。Nachtergaele 等（2002）研究表明，在给定的壤质土壤中，水流剪切力和土壤初始含水量能够很好地预测土壤分离速率。

Grissinger（1972）、Govers 等（1990）研究指出，土壤吸水接近变湿润时所吸收水的体积是预测土壤可蚀性的另一个重要参数。Govers 等（1993）研究认为，土壤吸收的接近变湿润时水的体积能够作为土壤发生强烈破坏的指标，因此能够很好地预测土壤可蚀性。

土壤由干燥变湿润过程通常会出现下列结果：①崩解，例如由于空气进入土壤导致的土壤空隙压力增大，从而造成土壤颗粒内部破坏；②由于膨胀性黏土不均匀膨胀而导致的土壤微观裂隙发育（Kemper et al.，1985）。两种结果的交互作用，会降低土壤的切变强度（Grissinger，1972），从而降低土壤的可蚀性。

6）土壤水稳性团聚体

团聚体是指一组黏结在一起的，具有比周围其他土壤颗粒更强黏结作用的基本土壤颗粒，是土壤的重要组成部分。以往的多数研究表明，土壤侵蚀是由于土壤水稳性团聚体发生破坏而引起的。在土壤侵蚀过程中，土壤表层团聚体的崩解、分散等水土间的相互作用，改变了土壤的表面结构，为土壤侵蚀的发生提供了物质条件。因此，土壤团聚体稳定性对土壤分离、泥沙输移等都具有重要作用。

土壤团聚体破碎方式通常包括消散作用（快速湿润条件下空气被压缩产生的应力而引起破碎）、机械外力作用（雨滴击打、径流剪切等）和土壤矿物湿润后非均匀膨胀引起的破裂。Le Bissonnais（1996）提出用快速湿润、湿润后机械震荡和缓慢湿润3种处理来评价土壤团聚体的稳定性。

土壤水稳性团聚体稳定性与土壤抗剪强度一样，通常被作为土壤抗蚀性的首选指标（Barthès et al.，2002；Fox et al.，1998；Grissinger，1982），因为影响黏性土壤抗蚀性的主要土壤属性和影响土壤团聚体稳定性的属性都依赖于土壤表面的张力（Grissinger，1982）。

Govers 等（1990）认为土壤可蚀性与土壤团聚体稳定性的关系要强于土壤可蚀性与土壤质地的关系。Coote 等（1988）用土壤团聚体稳定性作为侵蚀度指标来解释土壤可蚀性的时间变化，并把它和土壤水分的季节变化联系起来。Amezketa（1999）通过总结植被根系对土壤团聚体的稳定性影响，得出了植被通过物理、化学及生物等各种交互作用，进而对土壤团粒稳定性产生影响的重要认识。尤其是植被根系在生长过程中通过根系缠绕固结以及向土壤中释放有机物质和分泌物，从而导致土壤团聚体数量的明显增加。Li 等（2015b）的研究表明，土壤水稳性团聚体与土壤分离能力呈显著负相关关系。Ma 等（2015）研究认为，土壤团聚体孔隙特征（>100μm 孔隙率、总孔隙率、30~75μm 孔隙率、规则孔含量、长形孔含量及不规则孔含量等）与土壤分离能力密切相关，并采用偏最小二乘回归拟合两者关系。

3. 土地利用对土壤分离过程的影响

地表植被覆盖和土地利用方式的不同，通常会导致近地表层土壤理化性质的不同（Brubaker et al., 1993），进而影响近地表层的土壤分离能力。

Ciampalini 等（1998）研究了玉米、大豆和紫花苜蓿等三种植被覆盖条件下土壤分离能力的差异，认为黏粒含量、团聚体中值直径和土壤干密度等土壤属性可以较好地预测土壤分离能力。

Mamo 等（2001b）研究了不同作物条件下（裸地、大豆和玉米等）土壤分离能力的差异，结果表明，裸地的土壤抗剪强度要比大豆地和玉米地的土壤抗剪强度小 20%左右，大豆地和玉米地的土壤分离能力大约为裸地的 50%。

Podwojewski 等（2008）研究了木薯地等几种不同土地利用类型条件下土壤分离能力的大小，结果表明，灌木状多年生作物木薯地的土壤分离能力最大值为 700g/（m²·a），三年休闲地+喷洒除草剂、三年休闲地+喷洒除草剂+焚烧、三年休闲地、草地、相思树+桉树等的土壤分离能力依次为 86g/（m²·a）、389g/（m²·a）、24g/（m²·a）、35g/（m²·a）、71g/（m²·a）；木薯并不能有效地保持水土，反而会增加水土流失。

Pierret 等（2007）对休闲地、农地、柚木地和裸地土壤分离能力的研究表明，裸地的土壤分离能力最大，休闲地最小，根长密度与土壤分离能力没有明显关系。在农地和休闲地上，随着根长密度的增加，土壤分离能力反而呈增大趋势，其原因可能在于每种土地利用的地表特征不同。

Zhang 等（2008）利用变坡实验水槽方法研究了黄土丘陵区农地、草地、灌木、荒坡和林地等不同土地利用类型条件下土壤分离能力的差异，得出了农地土壤分离能力最大，其次为草地、灌木、荒坡和林地的结论。同时，Zhang 等（2009b）还对谷子地、大豆地、玉米地、土豆地、草地、灌木地、荒坡地和林地等不同土地利用类型的土壤分离能力的季节变化进行了研究,认为在实验期内谷子地土壤分离能力的平均值最大,其次是土豆地、玉米地、大豆地、灌木地、荒坡地、草地和林地。农耕地的平均土壤分离能力分别是灌木、草地、荒坡和林地等不同土地利用类型的 3.30 倍、6.61 倍、7.76 倍和 16.9 倍。

4. 耕作方式对土壤分离过程的影响

耕作是指在作物种植以前,或在作物生长期内,为改善作物生长条件而对土壤进行的机械操作。传统的耕作通常用犁具将土壤翻耕,然后将翻转的土块破碎,以形成松散平整的土层。传统的耕作方式通常破坏了土壤结构,导致土壤黏结力下降,从而使土壤在径流冲刷条件下容易被分离。

Franti 等(1999)在 3.2L/s、6.4L/s、9.6L/s、12.8L/s 等较大流量条件下研究了耕作和免耕两种耕作方式对土壤分离能力的影响,得出了耕作条件下的土壤分离能力比免耕条件下的土壤分离能力要大 10 倍左右的重要认识。

Knapen 等(2007a)研究了欧洲比利时黄土地带传统耕作、浅耕和深耕等三种不同耕作措施条件下土壤细沟可蚀性的季节变化,认为传统耕作措施条件下土壤细沟可蚀性最大,浅耕措施条件下土壤细沟可蚀性最小。

Knapen 等(2008)研究了传统耕作和保护性耕作措施(在常规耕作土壤样品表面覆盖秸秆)对土壤分离能力的影响,结果发现两种耕作条件下土壤分离能力大约相差 10%。

Zhang 等(2009b)在我国黄土高原定量研究了翻耕、锄草和收获等耕作措施对农耕地土壤分离能力的影响,结果表明,翻耕前后,由于翻耕破坏了土壤结构,从而增加了土壤的分离能力;锄草前后土壤分离能力变化较小;收获前后谷子地、大豆地和玉米地土壤分离能力差异较小,而土豆地土壤分离能力差异较大。

5. 根系对土壤分离过程的影响

1)根系种类及结构对土壤分离过程的影响

Wischmeier(1975)研究认为草类和其他侧根植被在减少土壤侵蚀的过程中比直根系(如阔叶杂草等)更加有效。Dissmeyer 等(1985)在 Dissmeyer 与 Foster 曲线中提到了须根和直根。Wischmeier(1975)和 Dissmeyer 等(1985)曾将须根系定义为侧根,然而,直根系植被也有侧根(Esau, 1977)。直根系和须根系的区别在于第一个种子根是否形成或多或少的侧根(裸子植物和双子叶植物),是否形成粗的初生根还是消失(单子叶植物)。在单子叶植物中,第一个根通常存活时间很短并且根系由发芽时的不定根形成,通常和蓓蕾的发芽相联系。尽管这些根后来变成了枝,但它们形成了一个相对均匀的体系,因此被称作须根（Dissmeyer et al.，1985）。须根系植被一般没有明显主根，根径相对较小。直根系植被多主根发达，根径较粗，侧根发育较差。因此，由根径差异导致直根系与须根系植被在减少土壤侵蚀的效果方面可能存在差别。De Baets 等（2008）研究表明，须根系植物能显著减少土壤侵蚀。直根系植物由于根径较粗，在减少土壤侵蚀过程中，水流遇到根系阻挡，在其前方产生回旋，从而改变侵蚀动力环境，减少侵蚀的效果不如须根系植物明显。De Baets 等（2007）还研究了不同类型植物根系对土壤侵蚀的影响，结果表明直根系植物对土壤侵蚀的控制效果要低于须根系植物。须根系植物以及根系较细（<5mm）的直根系植物，土壤分离相对速率（草地与对照裸地的比值）随根重密度增加呈指数形式下降，当根径超过 5mm 时，根系对土壤侵蚀的减缓效应不显著。

Melanie 等（2012）研究了法国南阿尔卑斯地区刺槐、奥地利黑松、芨芨草等植物种，利用主成分分析方法得出了植物减缓土壤侵蚀的潜能与根直径呈负相关，与细根的百分含量呈正相关的重要认识。程谅等（2019）、秦嘉惠等（2019）和占海歌等（2017）研究了香根草、白三叶和黑麦草等不同草本植被根系对土壤可蚀性和抗蚀性的影响，认为根系存在可有效增强土壤抗侵蚀性能，不同植物的增强效果存在差异。

2）根系对土壤抗冲性的影响

李勇等（1990）在 20 世纪 90 年代研究了油松林土壤抗冲性与根系的关系，提出了植被根系对土壤抗冲性能的增强效应，并将增强效应定义为消除无根系土壤本身的抗冲性后，根系提高土壤抗冲性的能力（s/g）。并指出根系对土壤抗冲性增强效应与土壤中≤1mm 须根密度密切相关，随着≤1mm 须根密度增加，根系对土壤抗冲性增强效应呈幂函数形式增大。该研究还提出，增强效应的有效根重密度为 26～34 个/100cm²。根重密度大于上述值，则增强效应明显，反之则不明显。另外，李勇等（1990）还研究了黄土高原沙棘林和典型草种（白羊草、黄菅草、羊胡子草和铁杆蒿）等植被根系对土壤抗冲性的强化作用，认为与林地研究结果类似，草地根系对土壤抗冲性的增强效应与根重密度呈幂函数关系。李勇等（1992b，1990）提出了根系提高土壤抗冲性的有效性方程。方程采用植物根系减沙效应作为衡量根系提高土壤抗冲性能的定量指标。植物根系减沙效应被定义为有根系土壤相对于无根系土壤（无根系的黄土母质或农地黄绵土）的冲刷量减少的百分数。根系减沙效应与有效根密度的方程为（李勇等，1991）：

$$Y_{(\Delta s)} = K \cdot R_d^B / A + R_d^B \qquad (1-11)$$

式中，$Y_{(\Delta s)}$ 为植物根系减沙效应（%）；K 为根系减沙效应能达到的最大值（%）；R_d 为有效根密度（个/100cm²）；A、B 为与植被有关的特征参数。

Zhou 等（Zhou，2008；Zhou et al.，2007）研究了人工模拟降水条件下黑麦草与红豆草根系和冠层对土壤侵蚀产流产沙效应的影响，结果表明，黑麦草根系具有较好的减沙效果，并给出了土壤侵蚀率与根系关系方程：

$$D_i = -8.6675 \cdot \text{RSAD} + 14.69 \quad R^2 = 0.95 \qquad (1-12)$$

式中，D_i 为土壤侵蚀率 [kg/(h·m²)]；RSAD 为根系表面积密度（cm²/cm³）。

3）根系减缓土壤侵蚀的机理

植被根系多位于地下，对植被根系的观测，通常是一个难点，因而在考虑植被的水土保持作用时常常被人们忽视。植被根系的生长具有很好的固土作用。植被根系在与土壤进行物质循环和能量交换过程中，通过根系的缠绕、穿插、加筋等作用，改变土壤的容重、渗透性、有机质含量等土壤特性，进而改变土壤结构，提高土壤抗剪强度，从而影响土壤侵蚀过程。在植被生长季内，根系生长不仅增强了土壤的机械加固作用（Evans，2006；Greenway，1987；Waldron et al.，1981），而且提供了松散土壤颗粒之间较强的黏结力。根系的类机械效应能够很好地控制土壤表面由径流冲刷造成的土壤侵蚀。植被根系固结土壤，抵抗土壤侵蚀的机制有以下两个方面：首先，根和根系残留物通过物理作用固结土壤，并形成了土、水运移的机械屏障（Morrison et al.，1994）。根系机械作用的主要控制参数有根径、根系分叉的程度、根毛的表面特征、根土之间的摩擦力、根的网络分布等（Abe et al.，1991）。在土壤表层，根系网络的锁定效应能够很好地增强土壤的机械固结作用，如浓密的互相交织的根系锚网带（Preston et al.，2015；Sidle et al.，1985）。这种锚网带平铺在地面，提供了大量控制表面水土流失的黏结物质（Sidorchuk et al.，1998；Prosser et al.，1995），活根、死根还提供了土壤表层和地下水的通道，减少了造成土壤侵蚀的地表径流，从而减少了土壤侵蚀量。其次，根和根系残体分泌的胶结物质为土壤微生物提供了食物来源，土壤微生物又产生了其他的胶结物质（Reid et al.，1981），所有这些胶结物质不仅增加了土壤水稳性团聚体的数量，而且减少了土壤可蚀性（Hartmann et al.，1974）。正是根系的上述作用，增强了植被根系减缓土壤分离能力的效应。

1.2.2 土壤分离能力季节变化

土壤属性一般具有明显的动态或季节变化，它们的变化通常导致土壤分离过程的动态变化（Knapen et al.，2007a）。然而，土壤属性的动态变化对土壤分离过程的影响机制尚不清楚。以往的研究表明，土壤类型、质地、容重、土壤抗剪强度、土壤黏结力、有机质、土壤水分含量和土壤水稳性团聚体的数量等都会影响土壤分离过程的变化（Zhang et al.，2008；Barthès et al.，2002；Zheng et al.，2000；Morgan et al.，1998；Ghebreiyessus et al.，1994；Nearing et al.，1988），但只有少数土壤属性的季节变化能够影响土壤分离过程的季节变化（Zhang et al.，2009b；Knapen et al.，2007a）。Nachtergaele 等（2002）研究发现，只有土壤初始含水量能够很好地预测土壤分离的季节变化。另外，有研究表明，土壤表层结皮（Bryan，2000）、作物收获残余物（Brown et al.，1990）的分解等也能够影响土壤分离的季节变化。目前，关于土壤属性变化引起土壤侵蚀季节变化的相关研究仅在欧洲有报道（De Baets et al.，2010，2006；Knapen et al.，2007a；Gyssels et al.，2006；Mamo et al.，2001a，2001b），且相关研究主要集中于缓坡，陡坡条件下植被根系对土壤分离过程的影响机制尚不清楚。

Zhang 等（2009b）和唐科明等（2012）研究了黄土高原不同土地利用类型和柳枝稷、无芒雀麦草地土壤分离过程的季节变化，结果表明土壤黏结力、根重密度等的季节变化对土壤分离过程的季节变化具有显著影响。

1.2.3　土壤侵蚀过程主要影响因素研究

1. 退耕还林还草对近地表土壤侵蚀过程的影响

1）退耕对近地表土壤特性变化的影响

随着西部大开发战略的实施，国家先后在黄土高原地区开展了退耕还林还草、坡改梯、填沟造田等多项大规模生态环境工程项目建设，有效地缓解了社会经济快速发展与生态环境不断恶化之间的矛盾。1999 年以来，我国在黄土高原地区实施了大面积退耕还林还草工程，截至 2012 年，退耕面积达 $2.0\times10^6 hm^2$（张光辉，2017）。如此大面积的退耕还林还草，使得区域植被得到了迅速恢复与重建，提高了生态系统多样性、生产力和稳定性，使得区域生态水文过程、土壤侵蚀过程发生了显著改变，水土流失在一定程度上得到有效遏制。

随着退耕年限的增加，该区植被生态系统的结构和功能逐渐得到恢复，这也使近地表土壤特性发生了显著的变化，主要表现在植物茎秆覆盖、枯落物、生物结皮、土壤理化性质和植物根系系统等几个方面（张光辉，2017；Sun et al.，2016a）。

土壤理化性质是土壤的基本属性，与坡面水文过程和土壤侵蚀过程紧密相连（张光辉，2017）。随着退耕年限的增加，土壤理化性质发生了显著的变化，主要体现在土壤容重和土壤黏结力逐渐减小，土壤孔隙度、入渗速率、导水率、土壤水稳性团聚体及其稳定性、土壤肥力（氮、磷、钾、有机质）逐渐增大，变化的幅度主要受到退耕年限、退耕模式、群落结构、区域气候变化特征、地形条件、土壤性状等因素的综合影响（Selma et al.，2014；Xu et al.，2014；Yu et al.，2014；An et al.，2013；Wang et al.，2011；Li et al.，2006）。土壤理化性质对退耕还林还草的响应是一个缓慢的过程,尤其是退耕初期存在一定程度的硬化趋势(Liu et al.,2012)。

植被根系是植被地下生长部分,往往会对土壤理化性质产生重要影响,能提高土壤抗蚀能力。根系的生长会改善土壤结构,增加土壤孔隙度,提高土壤入渗性能,根系分泌物还会促进土壤水稳性团聚体和微团聚体的形成与发育,并降低土壤可蚀性。同时根系还具有较强的抗拉能力,特别是小于 1mm 的细根系统紧密缠绕在土壤颗粒周围,增加了土壤颗粒被分散的难度,提高了土壤抗冲性(李勇等,1992a)。植物根系系统的生长和发育与气候、地形、土壤、群落结构、退耕年限与模式及人为经营等因素密切相关,具有显著的时空变异规律。随着退耕年限的延长,土壤理化性质会逐渐得到改善,大粒级团聚体和小团聚体增量的差异逐渐减小(刘国彬,1997)。土壤有机质、全氮(钾)、水解氮和速效钾含量均显著增大(宋娟丽等,2009)。

2)近地表土壤特性变化对土壤侵蚀过程的影响

退耕导致的近地表土壤特性变化会显著影响土壤侵蚀过程(张光辉,2017)。随着退耕年限的增加,土壤的分离能力呈下降趋势,但受植被根系和生物结皮等因素的影响(Rodrguez-Caballero et al.,2015),土壤分离能力随退耕年限波动变化较大。Wang 等(2013)研究表明,当退耕年限达到 28 年时,土壤分离能力开始趋于稳定状态。地表覆盖也是影响土壤侵蚀过程的重要因素(Sun et al.,2016b),土壤侵蚀随地表覆盖的增大而呈指数函数下降。目前的相关研究多集中于农耕地,而关于退耕地带植被枯落物覆盖对土壤分离过程影响的研究少见报道。枯落物一方面可以有效地消减降水动能,抑制土壤物理结皮的发育,与土壤的混合还可以固结土壤;另一方面还会分解并改善土壤结构,提高土壤抗蚀能力,进而影响土壤分离过程。Benkobi 等(1993)的研究表明,枯落物覆盖的坡面侵蚀量与裸地相比,下降了 67%,且侵蚀量的大小与枯落物类型和盖度大小密切相关。植被覆盖度为 50%的西黄松和红杉针叶可分别减少细沟侵蚀 40%和 20%。另外,土壤分离速率随着针叶覆盖度的增大而减小(Pannku et al.,2003)。然而,在目前的土壤侵蚀过程模型中,还没有明确区分植被恢复导致近地表下垫面糙率变化对侵蚀过程的影响,这限制了对土壤侵蚀机理的深入理解,也制约了土壤侵蚀过程模型预测精度的提高(Knapen et al.,2009)。

2. 土壤细沟可蚀性和临界剪切力的季节变化

在坡面土壤侵蚀中,细沟侵蚀占有十分重要的地位,通常占坡面土壤侵蚀的 70%~90%,占总侵蚀的 50%左右。它既是坡面土壤侵蚀的重要产沙源,又是坡面土壤侵蚀泥沙输送的通道(雷廷武等,2005;吴普特,1999)。在土侵蚀过程 WEPP 模型中，土壤侵蚀阻力反映了土壤抵抗细沟股流作用的能力，通常用土壤细沟可蚀性（K_r）和土壤临界剪切力（τ_c）两个特征参数来表征。因此，通常被称作土壤侵蚀阻力（Knapen et al.，2007b）。土壤细沟可蚀性（K_r）和土壤临界剪切力（τ_c）是由土壤自身特性所决定的，与土壤的理化性质密切相关（Stroosnijder，2005）。由于土壤细沟可蚀性和土壤临界剪切力是综合性因子，因此，只能在一定的控制条件下通过测定土壤分离能力或土壤性质的某些参数（即土壤细沟可蚀性和土壤临界剪切力的影响因素）来推求或预测土壤细沟可蚀性（K_r）和土壤临界剪切力（τ_c）。

土壤细沟可蚀性值是衡量土壤抗侵蚀能力的关键指标之一，也是土壤侵蚀过程模型中的重要参数（Flanagan et al.，1995）。20 世纪 90 代以来，土壤细沟可蚀性（K_r）和土壤临界剪切力（τ_c）被认为是衡量土壤属性的两个重要指标，并在土壤侵蚀过程 WEPP 模型中用作表征土壤侵蚀阻力的重要参数（Nearing，1989）。然而，在以往的研究中，WEPP 模型中 K_r 和 τ_c 通常是来自参考表的参考值或是通过经验关系获得的经验值，它们的时空变化通常被忽略了，并且模型应用于区域扩展时，往往需要做大量的参数率定及修正工作。Stroosnijder（2005）认为土壤侵蚀的精确预测和模型化仍然需要大量的代表土壤侵蚀速率时空变化的高质量数据。Knapen 等（2007a）在欧洲比利时的黄土地带研究了冬小麦土壤细沟可蚀性的季节变化，认为冬小麦土壤细沟可蚀性具有明显的季节变化，并且它的季节变化主要受到土壤初始含水量、土壤固结力、小麦根系生长等因素的影响。在不同土壤、植被和土地利用条件下，植被根系的生长会引起近地表层土壤属性的改变，土壤属性的季节变化可能影响土壤分离过程，进而导致土壤细沟可蚀性发生动态变化。但迄今为止，只有 De Baets 等（De Baets et al.，2010，2006；Knapen et al.，2007a；Gyssels et al.，2006；Mamo et al.，2001a，2001b）在欧洲比利时的黄土地带开展了少量研究。目前，黄土高原地区土壤细沟可蚀性和土壤临界剪切力的季节变化及其驱动机制尚不清楚，需要开展定量研究。

3. 土壤属性和近地表特性时空变异对土壤侵蚀过程的影响

地域分异是指自然地理环境各组成成分及其构成的自然综合体在地表沿一定方向分异或分布的规律性现象。土壤属性和近地表特性在时间和空间上具有明显的分异性，这些时空分异性导致了土壤分离过程也呈现出明显的时空变化特征。黄土高原典型农耕地的土壤分离过程，在耕作、锄草、收获等农事活动及降雨与重力导致的土壤硬化过程的综合影响下，具有显著的季节变化规律，变化的幅度与农事活动的强弱和根系的生长密切相关（Yu et al.，2014a，2014b）。在近地表层土壤物理结皮发育和草地根系生长的影响下，黄土高原地区退耕草地土壤分离能力也具有显著的季节变化特征（郁耀闯等，2017；唐科明等，2012；Zhang et al.，2014）。随着退耕年限的增加，土壤属性、植被群落结构、枯落物蓄积量、生物结皮类型、群落结构与盖度、根重密度等均会随着时间发生变化，从而导致土壤分离能力呈现出年际变化趋势，退耕初期土壤分离能力迅速下降，退耕28年后土壤分离能力趋于稳定（Wang et al.，2013）。

土壤分离过程在不同空间尺度上也具有明显的变化特征。例如，在坡面尺度上，黄土高原浅沟比较发育，土壤性质和植被生长特性存在空间变异性，从而引起浅沟发育坡面上部、中部和下部土壤分离能力的明显不同（Li et al.，2015c）；在小流域尺度上，黄绵土的土壤分离能力是三趾马红土的1.5倍，不同土地利用类型间土壤分离能力差异显著，农耕地最大，草地最小（Li et al.，2015b）；土壤细沟可蚀性由坡顶到坡脚逐渐减小，并随海拔呈线性增加。而在黄土高原典型降水样线上（南起陕西宜君，北至内蒙古鄂尔多斯，全长508km），从南到北，林地土壤分离能力呈倒"U"型分布，而草地的土壤分离能力随着年均降水增加而增大（Geng et al.，2015）。

1.3 目前存在的问题

土壤侵蚀是全球重要的环境问题之一，它的防治对于改善自然生态环境、实现人类与自然协调以及资源-环境-社会经济的可持续发展具有重要意义。如何控制和减缓土壤侵蚀及其带来的环境效应，一直是学术界关注的重点。但目前关于土壤分离的少量研究主要集中在缓坡上，陡坡上的相关实验较少，但随着坡度的增大，植被根系的作用会逐渐减弱，陡坡条件下土壤分离过程的影响机制尚不清楚。另外，在植被生长季，根系的生长会导致土壤理化性状的改变，土壤特性季节变化可能影响土壤分离过程。目前国际上的少量研究主要集中在欧洲比利时的黄土地带。黄土高原地区土壤特性的季节波动导致土壤分离过程发生变化的影响机制尚不明确。我国20世纪90年代以来开展的相关工作主要是利用抗冲槽来完成，受实验设备的限制，无法揭示植被根系对土壤细沟侵蚀影响的水动力学机制。因此，需要开展定量研究。

目前存在的主要问题如下：

（1）黄土丘陵区农耕地、退耕草地土壤分离过程的季节变化及其影响机制尚不明确；

（2）黄土丘陵区农耕地、退耕草地土壤细沟可蚀性与临界剪切力的季节变化及其影响因素尚不清楚；

（3）黄土丘陵区农耕地、退耕草地土壤分离能力、细沟可蚀性和临界剪切力季节变化的模拟方程有待建立。

1.4 主要内容

1.4.1 研究目标

针对黄土高原地区植被变化引起近地表特性变化导致土壤侵蚀过程变化的关键科学问题，运用土壤学、水力学、生态学、土壤侵蚀学等相关学科的基本理论，通过野外调查、原位试验和室内模拟试验，结合模型模拟技术，以黄土高原地区植被变化导致的近地表特性变化为核心，系统研究近地表特性变化对坡面流水动力学特性的影响因素；揭示土壤分离过程对近地表特性变化的响应机制，明确土壤细沟可蚀性和土壤临界剪切力参数值与近地表特性间的定量关系；建立近地表特性与泥沙输移系数间的函数关系；探讨坡面流水动力学参数、土壤性质及植被根系对土壤分离的影响及其机制，重点研究典型农耕地、退耕草地土壤分离过程的季节变化及其影响因素，并建立典型农耕地、退耕草地土壤分离能力、土壤细沟可蚀性及土壤临界剪切力模拟方程，为阐述土壤侵蚀机理、量化土壤分离过程季节变化、校正土壤侵蚀过程模型等工作提供理论依据和数据支撑。

1.4.2 研究内容

（1）利用室外变坡实验水槽系统，采用6组坡面流水动力条件，以黄土高原地区典型农作物、退耕草地生长周期为实验周期，研究该区典型农耕地、退耕草地土壤分离能力的季节变化特征，分析农事活动、土壤属性、根系生长等因素对土壤分离能力的潜在影响及机制。

（2）结合土壤侵蚀过程WEPP模型研究该区典型农耕地、退耕草地土壤细沟可蚀性（K_r）、土壤临界剪切力（τ_c）的季节变化特征及其影响因素。

（3）建立黄土高原地区典型农耕地、退耕草地土壤分离能力、土壤细沟侵蚀性和土壤临界剪切力季节变化的模拟方程。

1.4.3 关键问题

1）土壤分离过程对近地表特性变化的响应机制与模拟

黄土高原地区植被变化导致了近地表特性的变化，进而增加了土壤分离过程的复杂性，增大了土壤分离过程研究的难度。通过系统研究近地表层土壤理化性状、根系系统的类型、结构、发育阶段及其季节变化对土壤分离能力、细沟可蚀性和临界剪切力的综合影响，揭示土壤分离过程对近地表特性变化的响应机理；建立基于土壤理化性状及根系系统特征参数的土壤细沟可蚀性、土壤临界剪切力修正方程，实现黄土高原地区典型农耕地和退耕草地的土壤分离过程模拟。

2）典型农耕地土壤侵蚀过程模型构建

通过系统研究典型植被类型对坡面流水动力学特性、分离过程的影响；揭示不同植被类型对土壤分离的动力过程，量化不同植被类型土壤分离随坡度变化的规律，结合土壤侵蚀过程 WEPP 模型，建立针对黄土高原不同植被类型的土壤侵蚀过程模型，实现不同植被类型土壤侵蚀过程的模拟。

参 考 文 献

程谅，占海歌，郭忠录，2019. 3 种草本植物根系对土壤抗蚀特性的响应[J]. 草业科学，36(2): 284-294.

丁文峰，李占斌，鲁克新，2001. 黄土坡面细沟侵蚀发生的临界条件[J]. 山地学报，19(6): 551-555.

董光荣，靳鹤龄，1998. 中国北方半干旱和半湿润地区沙漠化的成因[J]. 第四纪研究，18(2): 136-144.

鄂竟平，2008. 中国水土流失与生态安全综合科学考察总结报告[J]. 中国水土保持，(12): 3-6.

傅伯杰，2002. 黄土丘陵沟壑区土地利用结构与生态过程[M]. 北京：商务印书馆.

龚时，熊贵枢，1979. 黄河泥沙的来源与输移[J]. 人民黄河，(1): 7-11.

郭继成，张科利，董建志，等，2013. 西南地区黄壤坡面径流冲刷过程研究[J]. 土壤学报，50(6): 1102-1108.

国家发展改革委，水利部，农业部，2011. 黄土高原地区综合治理规划大纲[DB/OL]. http://www.sdpc.gov.cn/[2011-1-17].

郭廷辅，段巧甫，2001. 径流调控理论是水土保持的精髓——四论水土保持的特殊性[J]. 中国水土保持，(11): 1-5.

贺秀斌，1999. 20 万年来黄土剖面土壤发生学特征与侵蚀环境演变[J]. 水土保持学报，(2): 92-95.

黄秉维，1955. 编制黄河中游流域土壤侵蚀分区图的经验教训[J]. 科学通报，(12): 15-21.

贾媛媛，郑粉莉，杨勤科，2005. 黄土高原小流域分布式水蚀预报模型[J]. 水利学报，36(3): 328-332.

蒋芳市，黄炎和，林金石，等，2013. 坡面水流分离崩岗崩积体土壤的动力学特征[J]. 水土保持学报，(1): 86-89.

景可，卢金发，梁季阳，等，1997. 黄河中游侵蚀环境特征和变化趋势[M]. 郑州：黄河水利出版社.

敬向锋，吕宏兴，潘成忠，等，2008. 侵蚀性坡面流流态的实验研究[J]. 灌溉排水学报，27(2): 82-85.

江忠善，宋文经，1988. 坡面流速的实验研究[J]. 水土保持研究，(1): 46-52.

江忠善，郑粉莉，武敏，2005. 中国坡面水蚀预报模型研究[J]. 泥沙研究，(4): 1-6.

江忠善，郑粉莉，2004. 坡面水蚀预报模型研究[J]. 水土保持学报，11(1): 66-69.

雷廷武, 张晴雯, 姚春梅, 等, 2005. WEPP 模型中细沟可蚀性参数估计方法误差的理论分析[J]. 农业工程学报, 21(1): 9-12.

李彬彬, 2009. 黄土高原小流域土壤侵蚀模型实验研究[D]. 西安: 陕西师范大学.

李勉, 姚文艺, 杨剑锋, 等, 2009. 草被覆盖对坡面流流态影响的人工模拟实验研究[J]. 应用基础与工程科学学报, 17(4): 513-523.

李勇, 1990. 沙棘林根系强化土壤抗冲性的研究[J]. 水土保持学报, (3): 15-20.

李勇, 徐晓琴, 朱显谟, 1992a. 黄土高原植物根系提高土壤抗冲性机制初步研究[J]. 中国科学, (3): 254-259.

李勇, 徐晓琴, 朱显谟, 等, 1992b. 草类根系对土壤抗冲性的强化效应[J]. 土壤学报, (3): 302-309.

李勇, 朱显谟, 1991. 黄土高原植物根系提高土壤抗冲性的有效性[J]. 科学通报, 36(12): 935-938.

李智广, 曹炜, 刘秉正, 等, 2008. 我国水土流失状况与发展趋势研究[J]. 中国水土保持科学, 6(1): 57-62.

刘小勇, 吴普特, 2000. 硬地面侵蚀产沙模拟试验研究[J]. 水土保持学报, 14(1): 33-37.

刘国彬, 1997. 黄土高原草地植被恢复与土壤抗冲性形成过程——Ⅲ. 植被恢复对土壤腐殖质物质及水稳性团聚体的影响[J]. 水土保持研究, (S1): 122-128.

柳玉梅, 张光辉, 韩艳峰, 2008. 坡面流土壤分离速率与输沙率耦合关系研究[J]. 水土保持学报, 22(3): 24-28.

柳玉梅, 张光辉, 李丽娟, 等, 2009. 坡面流水动力学参数对土壤分离能力的定量影响[J]. 农业工程学报, 25(6): 96-99.

潘成忠, 上官周平, 2007. 不同坡度草地含沙水流水力学特性及其拦沙机理[J]. 水科学进展, 18(4): 490-495.

钱宁, 万兆惠, 钱意颖, 1979. 黄河的高含沙水流问题[J]. 科学通报, 24(8): 368-371.

秦嘉惠, 程谅, 曹丹妮, 等, 2019. 两种草本植物根系对土壤可蚀性的影响[J]. 水土保持研究, 26(2): 55-61.

申楠, 王占礼, 陈浩, 2015. 黄土坡面细沟水流分离能力[J]. 山地学报, 33(2): 191-198.

水利部国际合作与科技司, 2006. 当代水利科技前沿[M]. 北京: 中国水利水电出版社.

水利部黄河水利委员会, 2006. 探索之路: 黄河中游粗泥沙集中来源区界定研究[M]. 郑州: 黄河水利出版社.

沙际德, 蒋允静, 1995. 试论初生态侵蚀性坡面薄层水流的基本动力特性[J]. 水土保持学报, (4): 29-35.

宋娟丽, 吴发启, 姚军, 等, 2009. 弃耕地植被恢复过程中土壤理化性质演变趋势研究[J]. 干旱地区农业研究, 27(3): 168-173.

唐克丽, 1999. 土壤侵蚀环境演变与全球变化及防灾减灾的机制[J]. 土壤与环境, (2): 81-86.

唐克丽, 2004. 中国水土保持[M]. 北京: 科学出版社.

唐科明, 2012. 草地土壤侵蚀季节变化及其影响机制[D]. 北京: 北京师范大学.

汪岗, 2002. 黄河水沙变化研究[M]. 郑州: 黄河水利出版社.

王秋霞, 丁树文, 夏栋, 等, 2016. 花岗岩崩岗区不同层次土壤分离速率定量研究[J]. 水土保持学报, 30(3): 65-70.

王涛, 2008. 我国沙漠与沙漠化科学发展的战略思考[J]. 中国沙漠, 28(1): 1-7.
王涛, 陈广庭, 赵哈林, 等, 2006. 中国北方沙漠化过程及其防治研究的新进展[J]. 中国沙漠, 26(4): 507-516.
王涛, 赵哈林, 2005. 中国沙漠科学的五十年[J]. 中国沙漠, 25(2): 145-165.
王万忠, 焦菊英, 1996. 黄土高原降水侵蚀产沙与黄河输沙[M]. 北京: 科学出版社.
吴普特, 1999. 动力水蚀实验研究[M]. 西安: 陕西科学技术出版社.
肖海, 刘刚, 刘普灵, 2016. 集中流作用下黄土坡面剥蚀率对侵蚀动力学参数的响应[J]. 农业工程学报, 32(17): 106-111.
肖培青, 郑粉莉, 贾暖援, 2003. 基于双土槽实验研究的黄土坡面侵蚀产沙过程[J]. 中国水土保持科学, 1(4): 10-15.
辛树帜, 1982. 中国水土保持概论[M]. 北京: 农业出版社.
向华, 刘青泉, 李家春, 2004. 地表条件对坡面产流的影响[J]. 水动力学研究与进展, 19(6): 774-782.
姚文艺, 汤立群, 2001. 水力侵蚀产沙过程及模拟[M]. 郑州: 黄河水利出版社.
姚文艺, 1996. 坡面流阻力规律实验研究[J]. 泥沙研究, (1): 74-82.
姚志宏, 杨勤科, 吴喆, 等, 2007. 区域尺度侵蚀产沙估算方法研究[J]. 中国水土保持科学, 5(4): 13-17.
余新晓, 秦富仓, 2007. 流域侵蚀动力学[M]. 北京: 科学出版社.
郁耀闯, 王长燕, 2017. 黄土高原丘陵区冰草和柳枝稷土壤细沟可蚀性季节动态[J]. 草业科学, 34(5): 950-957.
张光辉, 2002. 坡面薄层流水动力学特性的实验研究[J]. 水科学进展, 13(2): 159-165.
张光辉, 刘宝元, 张科利, 2002. 坡面径流分离土壤的水动力学实验研究[J]. 土壤学报, 39(6): 882-886.
张光辉, 2017. 退耕驱动的近地表特性变化对土壤侵蚀的潜在影响[J]. 中国水土保持科学, 15(4): 143-154.
张科利, 1998. 黄土坡面细沟侵蚀中的水流阻力规律研究[J]. 人民黄河, (8): 13-15.
张科利, 1999. 黄土坡面发育的细沟水动力学特征的研究[J]. 泥沙研究, (1): 56-61.
占海歌, 2017. 3种草本植物根系特征对土壤抗侵蚀性能影响[D]. 武汉: 华中农业大学.
郑粉莉, 高学田, 2000. 黄土坡面土壤侵蚀过程与模拟[M]. 西安: 陕西人民出版社.
郑粉莉, 唐克丽, 1995. 自然侵蚀和人为加速侵蚀与生态环境演变[J]. 生态学报, 15(3): 251-259.
郑粉莉, 王占礼, 杨勤科, 2008. 我国土壤侵蚀科学研究回顾和展望[J]. 自然杂志, 30(1): 12-17.
郑世清, 周佩华, 1988. 土壤容重和降水强度与土壤侵蚀和入渗关系的定量分析[J]. 水土保持研究, (1): 53-56.
中华人民共和国水利部, 2014. 中国水资源公报[R]. 北京: 中华人民共和国水利部.
朱显谟, 1991. 黄土高原的形成与整治对策[J]. 水土保持通报, (1): 1-8.
朱显谟, 陈代中, 杨勤科, 1999. 1:1500万中国土壤侵蚀图//国家地图集编纂委员会. 《中华人民共和国国家自然地图集》[M]. 北京: 中国地图出版社.
朱显谟, 田积莹, 1993. 强化黄土高原土壤渗透性及抗冲性的研究[J]. 水土保持学报, 7(3):

1-10.

BAGNOLD R A, 1959. 风沙和荒漠沙丘物理学[M]. 钱宁, 林秉南, 译. 北京: 科学出版社.

ABE K, ZIEMER R R, 1991. Effect of tree roots on shallow-seated landslides[J]. USDA Forest Service General Technical Report, 22(2): 95-108.

ABRAHAMS A D, LI G, PARSONS A J, 1996. Rill hydraulics on a semiarid hillslope, southern Arizona[J]. Earth Surface Processes & Landforms, 21(1): 35-47.

ABRAHAMS A D, PARSONS A J, 1994. Hydraulics of interrill overland flow on stone-covered desert surfaces[J]. Catena, 23(1-2): 111-140.

ALAVINIA M, SALEH F N, ASADI H, 2019. Effects of rainfall patterns on runoff and rainfall-induced erosion[J]. International Journal of Sediment Research, 34(3): 270-278.

ALONSO C V, NEIBLING W H, FOSTER G R, 1981. Estimating sediment transport capacity in watershed modeling[J]. Transactions of the American Society of Agricultural Engineers, 24(5): 1211-1220.

AMEZKETA E, 1999. Soil aggregate stability: a review[J]. Journal of Sustainable Agriculture, 14(2-3): 83-151.

AN S S, DARBOUX F, CHENG M, 2013. Revegetation as an efficient means of increasing soil aggregate stability on the Loess Plateau (China)[J]. Geoderma, 209-210: 75-85.

AO C, YANG P P, ZENG W Z, et al., 2019. Impact of raindrop diameter and polyacrylamide application on runoff, soil and nitrogen loss via raindrop splashing[J]. Geoderma, 353: 372-381.

BARTHES B, ROOSE E, 2002. Aggregate stability as an indicator of soil susceptibility to runoff and erosion; validation at several levels[J]. Catena, 47(2): 133-149.

BENKOBI L, TRLICA M J, SMITH J L, 1993. Soil loss as affected by different combinations of surface litter and rock[J]. Journal of Environmental Quality, 22(4): 657-661.

BISSONNAIS Y L, CERDAN O, LECOMTE V, et al., 2005.Variability of soil surface characteristics influencing runoff and interrill erosion[J]. Catena, 62(2-3): 111-124.

BROWN L C, WEST L T, BEASLEY D B, et al., 1990. Rill erosion one year after incorporation of crop residue[J]. Transactions of the American Society of Agricultural and Biological Engineers, 33(5): 1531.

BRUBAKER S C, JONES A J, LEWIS D T, et al., 1993. Soil properties associated with landscape position[J]. Soil Science Society of America Journal, 57(1): 235-239.

BRYAN R B, 2000. Soil erodibility and processes of water erosion on hillslope[J]. Geomorphology, 32(3): 385-415.

BURYLO M, REY F, MATHYS N, et al., 2012. Plant root traits affecting the resistance of soils to concentrated flow erosion[J]. Earth Surface Processes and Landforms, 37(14): 1463-1470.

CAO L X, ZHANG K, ZHANG W, 2009. Detachment of road surface soil by flowing water[J]. Catena, 76(2): 155-162.

CIAMPALINI R, TORRI D, 1998. Detachment of soil particles by shallow flow: sampling methodology and observations[J]. Catena, 32(1): 37-53.

COCHRANET A, FLANAGAN D C, 1997. Detachment in a simulated rill[J]. Transactions of the American Society of Agricultural Engineers, 40(1): 111-119.

COMINO E, DRUETTA A, 2010. The effect of poaceae roots on the shear strength of soils in the italian alpine environment[J]. Soil & Tillage Research, 106(2): 194-201.

COOTE D R, MALCOLMMCGOVERN C A, WALL G J, et al., 1988. Seasonal variation of erodibility indices based on shear strength and aggregate stability in some ontario soils[J]. Canadian Journal of Soil Science, 68(2): 405-416.

DE BAETS S, POESEN J, 2010. Empirical models for predicting the erosion-reducing effects of plant roots during concentrated flow erosion[J]. Geomorphology, 118(3-4): 425-432.

DE BAETS S, POESEN J, GYSSELS G, et al., 2006.Effects of grass roots on the erodibility of topsoils during Concentrated Flow[J]. Geomorphology, 76(1): 54-67.

DE BAETS S, POESEN J, KNAPEN A, 2007. Impact of root architecture on the erosion-reducing potential of roots during concentrated flow[J]. Earth Surface Processes and Landforms, 32(9): 1323-1345.

DE BAETS S, TORRI D, POESEN J, et al., 2008. Modelling increased soil cohesion due to roots with eurosem[J]. Earth Surface Processes & Landforms, 33(13): 1948-1963.

DE ROO A P J, OFFERMANS R J E, CREMERS N H D T, 2015. Lisem: a single-event, physically based hydrological and soil erosion model for drainage basins. ii: sensitivity analysis, validation and application[J]. Hydrological Processes, 10(8): 1119-1126.

DISSMEYER G E, FOSTER G R, 1985. Modifying the universal soil loss equation for forest land[J]. Soil Conservation Society of America, 480-495.

DUNKERLEY D, 2001. Estimating the mean speed of laminar overland flow using dye injection-uncertainty on rough surfaces[J]. Earth Surface Processes & Landforms, 26(4): 363-374.

ELLIOT W J, LIEBENOW A M, LAFLEN J M, et al., 1989. A compendium of soil erodibility data from wepp cropland soil field erodibility experiments 1987 and 88[R]. Columbus: Ohio State University and USDA Agricultural Research Service, National Soil Erosion Research Laboratory Report No. 3.

EMMETT W W, 1978. Overland flow[M]. New York: John Wiley & Sons.

EMMETT W W, 1970. The hydraulics of overland flow on hill slopes[J]. US Geological Professional Paper, (18): 662-668.

ESAU K, 1977. Anatomy of seed plants[M]. New York: Wiley.

EVANS B, 2006. Soil erosion and conservation [J]. Soil Use & Management, 22(1): 111-112.

FLANAGAN D C, NEARING M A, LAFLEN J M, 1995. Usda-water erosion prediction project: hillslope profile and watershed model documentation[R]. West Lafayette: USDA-ARS National Soil Erosion Research Laboratory, NSERL Report No. 10.

FOSTER G R, 1972. A closed-form soil erosion equation for upland areas[C]. Colorado State University, Fort Collins: Sedimentation Symposium, 12-19.

FOSTER G R, HUGGINS L F, MEYER L D, 1984. A laboratory study of rill hydraulics: ii. shear stress relationships[J]. Transactions of the American Society of Agricultural Engineers, 27(3): 797-804.

FOX D M, LE BISSONNAIS Y, 1998. Process-based analysis of the influence of aggregate stability on surface crusting infiltration and interrill erosion[J]. Soil Science Society of America Journal, 62(3): 717-724.

FRANTI T G, LAFLEN J M, WATSON D A, 1985. Soil erodibility and critical shear under concentrated flow[J]. Transactions of the American Society of Agricultural Engineers, 85-2033.

FRANTI T G, LAFLEN J M, WATSON D A, 1999. Predicting soil detachment from high-discharge concentrated flow[J]. Transactions of the American Society of Agricultural Engineers, 42(2): 329-335.

GENG R, ZHANG G H, LI Z W, et al., 2015. Spatial variation in soil resistance to flowing water erosion along a regional transect in the Loess Plateau[J]. Earth Surface Processes and Landforms, 40(15): 2049-2058.

GHEBREIYESSUS Y T, GANTZER C J, ALBERTS E E, et al., 1994. Soil erosion by concentrated flow: shear stress and bulk density[J]. Transactions of the American Society of Agricultural Engineers, 37(6): 1791-1797.

GILLEY J E, KOTTWITZ E R, WIEMAN G A, 1992. Darcy-Weisbach roughness coefficients for gravel and cobble surfaces[J]. Journal of Irrigation & Drainage Engineering, 118(1): 104-112.

GOVERS G, 1992. Relationship between discharge, velocity and flow area for rills eroding loose, non-layered materials[J]. Earth Surface Processes & Landforms, 17(5): 515-528.

GOVERS G, 2010. Time-dependency of runoff velocity and erosion the effect of the initial soil moisture profile[J]. Earth Surface Processes & Landforms, 16(8): 713-729.

GOVERS G, EVERAERT W, POESEN J, et al., 1990. A long flume study of the dynamic factors affecting the resistance of a loamy soil to concentrated flow erosion[J]. Earth Surface Processes & Landforms, 15(4): 313-328.

GOVERS G, GIMÉNEZ R, OOST K V, 2007. Rill erosion: exploring the relationship between experiments, modelling and field observations[J]. Earth Science Reviews, 84(3): 87-102.

GOVERS G, LOCH R J, GOVERS G, et al., 1993. Effects of initial water content and soil mechanical strength on the runoff erosion resistance of clay soils[J]. Soil Research, 31(31): 549-566.

GRAY D H, 1982. Biotechnical slope protection and erosion control[D]. Ann Arbor: The University of Michigan.

GRAY D H, SOTIR R B, 1998. Biotechnical and soil bioengineering slope stabilization: a practical guide for erosion control[J]. Soil Science, 163(1): 83-85.

GREENWAY D R, 1987. Vegetation and slope stability[M]. Chicheste: Wiley.

GRISSINGER E H, 1966. Resistance of selected clay systems to erosion by water[J]. Water Resources Research, 2(1): 131-138.

GRISSINGER E H, 1972. Laboratory studies of the erodibility of cohesive materials. proceedings Mississippi water resources conference[C]. Mississippi : Water Resources Research Institute, Mississippi State University State College.

GRISSINGER E H, 1982. Bank erosion of cohesive materials[M]. Chichester: John Wiley and Sons Ltd.

GRISSINGER E H, LITTLE W C, MURPHEY J B, 1981. Erodibility of streambank materials of low cohesion[J]. Oncogene, 24(3): 624-630.

GUO Z, MA M, CAI C, et al., 2018. Combined effects of simulated rainfall and overland flow on sediment and solute transport in hillslope erosion[J]. Journal of soils and sediments, 18(3): 1120-1132.

GYSSELS G, POESEN J, LIU G, et al., 2006. Effects of cereal roots on detachment rates of single- and double-drilled topsoils during concentrated flow[J]. European Journal of Soil Science, 57(3): 381-391.

HAIRSINE P B, ROSE C W, 1992. Modeling water erosion due to overland flow using physical principles: 1. sheet flow[J]. Water Resources Research, 28(1): 245-250.

HANSON G J, 1996. Investigating soil strength and stress-strain indices to characterize erodibility[J]. Transactions of the American Society of Agricultural Engineers, 39(3): 883-890.

HANSON G J, COOK K R, 1999. Procedure to estimate soil erodibility for water management purposes[C]. Toronto: Advance in Water Quality Modeling International Meeting.

HARTMANN R, BOODT M D, 1974. The influence of the moisture content, texture and organic matter on the aggregation of sandy and loamy soils[J]. Geoderma, 11(1): 53-62.

HORTON R E, LEACH H R, VLIET R V, 1934. Laminar sheet-flow[J]. Transactions American Geophysical Union, 15(2): 393-404.

HUANG C, LAFLEN J M, BRADFORD J M, 1996. Evaluation of the detachment-transport coupling concept in the wepp rill erosion equation[J]. Soil Science Society of America Journal, 60(3): 734-739.

KEMPER W D, TROUT T J, BROWN M J, et al., 1985. Furrow erosion and water and soil management[J]. Transactions of the American Society of Agricultural Engineers (USA), 28(5): 1564-1572.

KIANI-HARCHEGANI M, SADEGHI S H, SINGH V P, et al., 2019. Effect of rainfall intensity and slope on sediment particle size distribution during erosion using partial eta squared[J]. Catena, 176: 65-72.

KIRKBY M J, 1978. Hillslop hydrology[M]. New York: Wiley-Interscience Publication.

KNAPEN A, POESEN J, DE BAETS S, 2007a. Seasonal variations in soil erosion resistance during concentrated flow for a loess-derived soil under two contrasting tillage practices[J]. Soil & Tillage Research, 94(2): 425-440.

KNAPEN A, POESEN J, GOVERS G, et al., 2007b. Resistance of soils to concentrated flow erosion: a review[J]. Earth Science Reviews, 80(1): 75-109.

KNAPEN A, POESEN J, GOVERS G, et al., 2008. The effect of conservation tillage on runoff erosivity and soil erodibility during concentrated flow[J]. Hydrological Processes, 22(10), 1497-1508.

KNAPEN A, SMETS T, POESEN J, 2009. Flow-retarding effects of vegetation and geotextiles on soil detachment during concentrated flow[J]. Hydrological Processes, 23(17): 2427-2437.

LEBISSONNAIS Y, 1996. Aggregate stability and assessment of soil crustability and erodibility. i. theory and methodology[J]. European Journal of Soil Science, 47(4): 425-437.

LÉONARD J, RICHARD G, 2004. Estimation of runoff critical shear stress for soil erosion from soil shear strength[J]. Catena, 57(3): 233-249.

LI G, ABRAHAMS A D, 1997. Effect of saltating sediment load on the determination of the mean velocity of overland flow[J]. Water Resources Research, 33(2): 341-348.

LI G, ABRAHAMS A D, 1999. Controls of sediment transport capacity in laminar interrill flow on stone-covered surfaces[J]. Water Resources Research, 35(1): 305-310.

LI G, ABRAHAMS A D, ATKINSON J F, 1996. Correction factors in the determination of mean velocity of overland flow[J]. Earth Surface Processes & Landforms, 21(6): 509-515.

LI M, HAI X, HONG H, et al., 2019. Modelling soil detachment by overland flow for the soil in the Tibet Plateau of China[J]. Scientific reports, 9(1): 8063.

LI Y Y, SHAO M A, 2006. Change of soil physical properties under long-term natural vegetation restoration in the Loess Plateau of China[J]. Journal of Arid Environments, 64(1): 77-96.

LI Z W, ZHANG G H, GENG R, et al., 2015a. Rill erodibility as influenced by soil and land use in a small watershed of the Loess Plateau, China[J]. Biosystems Engineering, 129: 248-257.

LI Z W, ZHANG G H, GENG R, et al., 2015b. Land use impacts on soil detachment capacity by overland flow in the Loess Plateau, China[J]. Catena, 124: 9-17.

LI Z W, ZHANG G H, GENG R, et al., 2015c. Spatial heterogeneity of soil detachment capacity by overland flow at a hillslope with ephemeral gullies on the Loess Plateau[J]. Geomorphology, 248: 264-272.

LIU B Y, NEARING M A, RISE L M, 1994. Slope gradient effects on soil loss for steep slopes[J]. Transaction of the American society of Agriculture Engineers, 37(6): 1835-1840.

LIU B Y, NEARING M A, SHI P J, et al., 2000. Slope length effects on soil loss for steep slopes[J]. Soil Science Society of America Journal, 64(5): 1759-1763.

LIU B Y, ZHANG K L, XIE Y, 2002. An empirical soil loss equation[C]. Beijing: The Proceedings of 12th ISCO Conference.

LIU G, ZHENG F L, LU J, et al., 2019. Interactive effects of raindrop impact and groundwater seepage on soil erosion[J]. Journal of Hydrology, 578: 124066.

LIU J, ZHOU Z, ZHANG X J, 2019. Impacts of sediment load and size on rill detachment under low flow discharges[J]. Journal of hydrology, 570: 719-725.

LIU Y, FU B J, LÜ Y H, et al., 2012. Hydrological responses and soil erosion potential of abandoned cropland in the Loess Plateau, China[J]. Geomorphology, 138(1): 404-414.

LYLE W M, SMERDON E T, 1965. Relation of compaction and other soil properties to erosion resistance of soils[J]. Transaction of the American society of Agriculture Engineers, 8(3): 419-422.

MA R, CAI C, WANG J, et al., 2015. Partial least squares regression for linking aggregate pore characteristics to the detachment of undisturbed soil by simulating concentrated flow in Ultisols (subtropical China)[J]. Journal of Hydrology, 524: 44-52.

MAMO M, BUBENZER G D, 2001a. Detachment rate, soil erodibility, and soil strength as influenced by living plant roots, part i: laboratory study[J]. Transactions of the American Society of Agricultural Engineers, 44(5): 1167-1174.

MAMO M, BUBENZER G D, 2001b. Detachment rate, soil erodibility, and soil strength as influenced by living plant roots, part ii: field study[J]. Transactions of the American Society of Agricultural Engineers, 44(5): 1175-1181.

MORGAN R P C, DUZANT J H, 2010. Modified mmf (Morgan-Morgan-Finney) model for evaluating effects of crops and vegetation cover on soil erosion[J]. Earth Surface Processes & Landforms, 33(1): 90-106.

MORGAN R P C, QUINTON J N, RICKSON R J, 1992. Eurosem documentation manual[R]. Silsoe: Silsoe College.

MORGAN R P C, QUINTON J N, SMITH R E, et al., 1998. The european soil erosion model (Eurosem): a dynamic approach for predicting sediment transport from fields and small catchments[J]. Earth Surface Processes & Landforms, 23(6): 527-544.

MORRISON J E, RICHARDSON C W, LAFLEN J M, 1994. Rill erosion of a vertisol with extended time since tillage[J]. Transactions of the American Society of Agricultural Engineers, 37(4): 1187-1196.

NACHTERGAELE J, POESEN J, 2002. Spatial and temporal variations in resistance of loess-derived soils to ephemeral gully erosion[J]. European Journal of Soil Science, 53(3): 449-463.

NEARING M A, 1989. A process-based soil erosion model for usda-water erosion prediction project technology[J]. Transactions of American society of Agriculture Engineers, 32(5): 1587-1593.

NEARING M A, BRADFORD J M, PARKER S C, 1991. Soil detachment by shallow flow at low slopes[J]. Soil Science Society of America Journal, 55(2): 351-357.

NEARING M A, NORTON L D, BULGAKOV D A, et al., 1997. Hydraulics and erosion in eroding rills[J]. Water Resources Research, 33(4): 865-876.

NEARING M A, SIMANTON J R, NORTON L D, et al., 1999. Soil erosion by surface water flow on a stony, semiarid hillslope[J]. Earth Surface Processes & Landforms, 24(8): 677-686.

NEARING M A, WEST L T, BROWN L C, 1988. Consolidation model for estimating changes in rill erodibility[J]. Transaction of the American society of Agriculture Engineers, 31(3): 696-700.

NORRIS J E, 2005. Root reinforcement by hawthorn and oak roots on a highway cut-slope in southern england[J]. Plant & Soil, 278(1-2): 43-53.

OUVRY J, 1987. Ruissellement et erosion des terres[J]. Opération régionale de lutte contre les inondations et lérosion des sols. Bilan des travaux campagne, 86-87.

OWOPUTI L O, STOLTE W J, 1995. Soil detachment in the physically based soil erosion process: a review[J]. Transaction of the American society of Agriculture Engineers, 38(4): 1099-1110.

PANNKUK C D, ROBICHAUD P R, 2003. Effectiveness of needle cast at reducing erosion after forest fires[J]. Water Resources Research, 39(12): 1333.

PIERRET A, LATCHACKAK K, CHATHANVONGSA P, et al., 2007. Interactions between root growth, slope and soil detachment depending on land use: a case study in a small mountain catchment of northern laos[J]. Plant & Soil, 301(1-2): 51-64.

PLANCHON O, SILVERA N, GIMENEZ R, et al., 2005. An automated salt-tracing gauge for flow-velocity measurement[J]. Earth Surface Processes & Landforms, 30(7): 833-844.

PODWOJEWSKI P, ORANGE D, JOUQUET P, et al., 2008. Land-use impacts on surface runoff and soil detachment within agricultural sloping lands in northern Vietnam[J]. Catena, 74(2): 109-118.

PROSSER I P, RUSTOMJI P, 2000. Sediment transport capacity relations for overland flow[J]. Progress in Physical Geography, 24(2): 179-193.

PRESTON N J, CROZIER M J, 2015. Resistance to shallow landslide failure through root-derived cohesion in east coast hill country soils, north island, New Zealand[J]. Earth Surface Processes & Landforms, 24(8): 665-675.

PROSSER I P, DIETRICH W E, 1995. Field experiments on erosion by overland flow and their implication for a digital terrain model of channel initiation[J]. Water Resources Research, 31(11): 2867-2876.

RAUWS G, AUZET A V, 1989. Laboratory experiments on the effects of simulated tractor wheelings on linear soil erosion[J]. Soil & Tillage Research, 13(1): 75-81.

REID J B, GOSS M J, 1981. Effect of living roots of different plant species on the aggregate stability of two arable soils[J]. European Journal of Soil Science, 32(4): 521-541.

RODRGUEZ-CABALLERO E, CANTÓN Y, JETTEN V, 2015. Biological soil crust effects must be included to accurately model infiltration and erosion in drylands: an example from tabernas badlands[J]. Geomorphology, 241: 331-342.

ROSE C W, 1983. A mathematical model of soil erosion and deposition process : i. theory for a plane element[J]. Soil Science Society of America Journal, 47(5): 991-995.

SHAINBERG I, GOLDSTEIN D, LEVY G J, 1996. Rill erosion dependence on soil water content, aging, and temperature[J]. Soil Science Society of America Journal, 60(3): 916-922.

SIDLE R C, PEARCE A J, O'LOUGHLIN C L, 1985. Hillslope stability and land use[J]. Water Resources Monograph American Geophysical, 66(44): 740.

SIDORCHUK A V G, 1998. Soil erosion on the Yamal Peninsula (Russian arctic) due to gas field exploitation[J]. Advances in GeoEcology, 31: 805-811.

SIMON A, 2005. Estimating the mechanical effects of riparian vegetation on stream bank stability using a fiber bundle model[J]. Water Resources Research, 41(7): 226-244.

SIRJANI E, MAHMOODABADI M, 2012. Study on flow erosivity indicators for predicting soil detachment rate at low slopes[J]. International Journal of Agricultural Science Research & Technology, 2(1): 56-61.

STROOSNIJDER L, 2005. Measurement of erosion: is it possible?[J]. Catena, 64(2): 162-173.

SU Z L, ZHANG G H, YI T, et al., 2014. Soil detachment capacity by overland flow for soils of the Beijing region[J]. Soil Science, 179(9): 446-453.

SUN L, ZHANG G H, LIU F, et al., 2016a. Effects of incorporated plant litter on soil resistance to flowing water erosion in the Loess Plateau of China[J]. Biosystems Engineering, 147: 238-247.

SUN L, ZHANG G H, LUAN L L, et al., 2016b. Temporal variation in soil resistance to flowing water erosion for soil incorporated with plant litters in the Loess Plateau of China[J]. Catena, 145: 239-245.

TENGBEH G T, 1993. The effect of grass roots on shear strength variations with moisture content[J]. Soil Technology, 6(3): 287-295.

TORRI D, 1987. Theoretical study of soil detachability[J]. Catena Supplement, 10: 15-20.

VIGIAK O, STERK G, ROMANOWICZ R J, et al., 2006. A semi-empirical model to assess uncertainty of spatial patterns of erosion[J]. Catena, 66(3): 198-210.

WALDRON I J, DAKESSIAN S, 1981. Soil reinforcement by roots: calculation of increased soil shear resistance from root properties[J]. Soil Science, 132(6): 427-435.

WANG B, ZHANG G H, SHI Y Y, et al., 2013. Effect of natural restoration time of abandoned farmland on soil detachment by overland flow in the Loess Plateau of China[J]. Earth Surface Processes & Landforms, 38(14): 1725-1734.

WANG B, ZHANG G H, YANG Y F, et al., 2018. The effects of varied soil properties induced by natural grassland succession on the process of soil detachment[J]. Catena, 166: 192-199.

WANG D D, WANG Z L, SHEN N, et al., 2016. Modeling soil detachment capacity by rill flow using hydraulic parameters[J]. Journal of Hydrology, 535: 473-479.

WANG J G, LI Z X, CAI C F, et al., 2012. Predicting physical equations of soil detachment by simulated concentrated flow in Ultisols (subtropical China)[J]. Earth Surface Processes & Landforms, 37(6): 633-641.

WANG Y, FAN J, CAO L, et al., 2018. The influence of tillage practices on soil detachment in the red soil region of China[J]. Catena, 165: 272-278.

WANG Y, FU B J, LÜ Y H, et al., 2011. Effects of vegetation restoration on soil organic carbon sequestration at multiple scales in semi-arid Loess Plateau, China[J]. Catena, 85(1): 58-66.

WISCHMEIER W H, 1975. Estimating the soil loss equation's cover and management factor for undisturbed areas[J]. Present and prospective technology for predicting sediment yields and sources, 1: 18-124.

WYNN T, MOSTAGHIMI S, 2006. The effects of vegetation and soil type on streambank erosion, southwestern Virginia, USA[J]. Journal of the American Water Resources Association, 42(1): 69-82.

XIAO H, LIU G, LIU P L, 2017. Response of soil detachment rate to the hydraulic parameters of concentrated flow on steep loessial slopes on the Loess Plateau of China[J]. Hydrological Processes, 31(14): 1-9.

XING H, HUANG Y, CHEN X, et al., 2018. Comparative study of soil erodibility and critical shear stress between loess and purple soils[J]. Journal of hydrology, 558: 625-631.

XU M, ZHANG J, LIU G B, et al., 2014. Soil properties in natural grassland, caragana korshinskii planted shrubland, and robinia pseudoacacia planted forest in gullies on the hilly

Loess Plateau, China[J]. Catena, 119: 116-124.

SELMA Y K, 2014. Effects of afforestation on soil organic carbon and other soil properties[J]. Catena, 123(123): 62-69.

YANG D M, GAO P L, ZHAO Y D, et al., 2018. Modeling sediment concentration of rill flow[J]. Journal of hydrology, 561: 286-294.

YU B, ROSE C W, CIESIOLKA C A A, et al., 1997. Toward a framework for runoff and soil loss prediction using guest technology[J]. Australian Journal of Soil Research, 35(5): 1191-1212.

YU Y C, ZHANG G H, GENG R, et al., 2014a. Temporal variation in soil rill erodibility to concentrated flow detachment under four typical croplands in the Loess Plateau of China[J]. Journal of Soil & Water Conservation, 69(4): 352-363.

YU Y C, ZHANG G H, GENG R, et al., 2014b. Temporal variation in soil detachment capacity by overland flow under four typical crops in the Loess Plateau of China[J]. Biosystems Engineering, 122(3): 139-148.

ZHANG B J, ZHANG G H, YANG H Y, et al., 2019a. Temporal variation in soil erosion resistance of steep slopes restored with different vegetation communities on the Chinese Loess Plateau[J]. Catena, 182: 104170.

ZHANG B J, ZHANG G H, YANG H Y, et al., 2019b. Soil resistance to flowing water erosion of seven typical plant communities on steep gully slopes on the Loess Plateau of China[J]. Catena, 173: 375-383.

ZHANG G H, LIU B Y, LIU G B, et al., 2003. Detachment of undisturbed soil by shallow flow[J]. Soil Science Society of America Journal, 67(3): 713-719.

ZHANG G H, LIU B Y, NEARING M A, et al., 2002. Soil detachment by shallow flow[J]. Transactions of the American Society of Agricultural Engineers, 45(2): 351-357.

ZHANG G H, LIU G B, TANG K M, et al., 2008. Flow detachment of soils under different land uses in the Loess Plateau of China[J]. Transactions of the American Society of Agricultural Engineers, 51(3): 883-890.

ZHANG G H, LUO R T, CAO Y, et al., 2010a. Impacts of sediment load on manning coefficient in supercritical shallow flow on steep slopes[J]. Hydrological Processes, 24(26): 3909-3914.

ZHANG G H, LUO R T, YING C, et al., 2010b. Correction factor to dye-measured flow velocity under varying water and sediment discharges[J]. Journal of Hydrology, 389(1-2): 205-213.

ZHANG G H, SHEN R C, LUO R T, et al., 2010c. Effects of sediment load on hydraulics of overland flow on steep slopes[J]. Earth Surface Processes & Landforms, 35(15): 1811-1819.

ZHANG X C, LIU W Z, 2005a. Simulating potential response of hydrology, soil erosion, and crop productivity to climate change in changwu tableland region on the Loess Plateau of China[J]. Agricultural & Forest Meteorology, 131(3-4): 127-142.

ZHANG X C, LI Z B, DING W F, 2005b. Validation of wepp sediment feedback relationships using spatially distributed rill erosion data[J]. Soil Science Society of America Journal, 69(5): 1440-1447.

ZHANG G H, LIU Y M, HAN Y F, et al., 2009a. Sediment transport and soil detachment on steep slopes: i. transport capacity estimation[J]. Soil Science Society of America Journal, 73(4):

1291-1297.

ZHANG G H, TANG K M, ZHANG X C, 2009b. Temporal variation in soil detachment under different land uses in the Loess Plateau of China[J]. Earth Surface Processes & Landforms, 34(9): 1302-1309.

ZHANG G H, TANG K M, SUN Z L, et al., 2014. Temporal variability in rill erodibility for two types of grasslands[J]. Soil Research, 52(8): 781-788.

ZHENG F L, HUANG C H, NORTON L D, 2000. Vertical hydraulic gradient and run-on water and sediment effects on erosion processes and sediment regimes[J]. Soil Science Society of America Journal, 64(1): 4-11.

ZHOU Z C, 2008. Effect of ryegrasses on soil runoff and sediment control[J]. Pedosphere, 18(1): 131-136.

ZHOU Z C, SHANGGUAN Z P, 2007. The effects of ryegrass roots and shoots on loess erosion under simulated rainfall[J]. Catena, 70(3): 350-355.

第 2 章 研究区概况与研究方法

2.1 研究区概况

实验在中国科学院水利部水土保持研究所安塞水土保持综合实验站进行，实验站地处黄土高原中部，属于典型的黄土丘陵沟壑区，水土流失严重。实验站的地理位置为东经 109°19′23″，北纬 36°51′30″，海拔 1068～1309m。安塞县位于延安市北部，总土地面积 2950km²，属于典型的梁峁状黄土丘陵沟壑区，主要地貌类型为黄土梁涧、梁峁状黄土丘陵和沟谷阶地。属于中温带大陆性半干旱季风气候，年均降水量 505.3mm，年均气温 8.8℃，降水年际变幅大，年内分布集中，6～9 月降水量可占全年降水的 70%以上。主要土壤为黄绵土，占 95%左右，土质疏松，抗侵蚀能力差。植被属于暖温带森林草原区，境内植被覆盖低，分布不均匀，仅南部分布少量天然次生林，森林覆盖率为 18%。植被类型从南到北依次为落叶阔叶林、落叶灌木和草地，人工林以刺槐、小叶杨、山杏为主，灌木以蔷薇、胡枝子、柠条为主，草本植被以蒿类、白羊草为主。境内水土流失严重，土壤侵蚀模数高达 4000～12000t/（km²·a），是黄土高原水土流失极为严重的地区之一，也是典型的生态环境脆弱区。陕西延安 1999 年实施退耕还林还草工程以来，累计退耕还林 1077 万亩，植被覆盖率从退耕前的 46%提高到 2017 年的 81.3%，绿色边界向北推移 400km 左右，土壤侵蚀模数由退耕前的每年每平方公里 9000t 降到目前的每年每平方公里 1077t，年入黄泥沙由退耕前的 2.58 亿 t 降到目前的 0.31 亿 t，过去水土流失严重的黄土高原如今为世界提供了生态修复的成功样本。安塞县是延安全面实施退耕还林还草工程的典型试点县。截止到 2018 年，全县退耕面积达 129.76 万亩，年平均土壤侵蚀模数由 1998 年的 1.4 万 t/km² 降到目前的 0.54 万 t/km²；全县治理水土流失面积 1145km²；年平均总降水量增加 23.8mm；境内主要河流泥沙含量下降 67kg/m³。生态系统自然修复功能明显提升，生态系统的结构和功能得到了显著改善，为研究提供了较好的实验条件。

2.2 研究方法

2.2.1 技术路线

实验采用变坡实验水槽，变坡水槽长 4m、宽 0.35m、深 0.6m，底部为有机玻璃板，坡度分别设置为 10°、15°、25°，流量分别为 1.0L/s、1.5L/s、2.0L/s、2.5L/s。用染色法测定流速，用于水动力参数计算。从土样放置室沿水槽往上 2m 为测速区。在放样室上端 2m 处，沿水槽横断面等间距确定 12 个测量点位，记录水流通过测速区时间并计算表面流速和断面平均流速。利用平均流速计算水深，依次改变坡度和流量组合，然后用水深和坡度计算得到实验采用的 6 组水流剪切力，完成相关实验。实验设计植被类型 9 个、流量 3 个、坡度 3 个，实验重复 5 次。利用实验数据可以分析不同植被类型下土壤侵蚀的变化规律。该实验过程借鉴了 Zhang 等（2009）和 Wang 等（2013）的研究成果，集成土壤侵蚀过程模型(WEPP)，构建黄土高原地区土壤侵蚀过程模型。

实验具体技术路线见图 2-1。

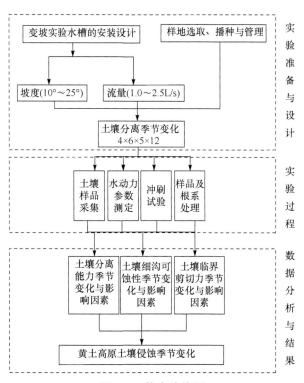

图 2-1 技术路线图

2.2.2 实验样地建立及管理

实验地点位于中国科学院安塞水土保持综合实验站墩山,海拔 1290m。多年平均温度为 8.8℃,多年平均降水量 505.3mm,降水量年际变化大且年内分配不均匀,70%以上的降水集中在 6~9 月,多为短历时暴雨,常导致严重的土壤侵蚀。该区以峁状、梁状丘陵为主,沟壑纵横,地形破碎,坡度 15°以上的土地面积占 50%~70%,沟壑密度高达 2.0~7.6km/km^2,土壤侵蚀主要以沟蚀和面蚀为主。土壤类型为黄绵土,抗侵蚀能力较差,水土流失严重。土壤质地为粉砂壤土,粉粒含量为 54.13%。耕作层土壤容重为 0.99~1.26g/cm^3,pH 8.4~8.6,有机质含量为 0.7%~1.04%。实验所选作物为黄土高原典型的种植作物(图 2-2~图 2-5):玉米、谷子、大豆和土豆。其中,玉米和谷子为须根系作物,大豆和土豆为直根系作物。4月底,用大板犁耕作,耕作深度为 15~20cm,耕作后将样地分成四个大小相同的小区,长 20m、宽 14m。玉米、谷子和大豆在 4 月底用播种机播种,土豆在 5 月下旬用手工锄播种,四种作物播种行距大约为 50cm,株距分别为 35cm、8cm、12cm 和 30cm。6 月上旬和 7 月

图 2-2 玉米样地生长情况

图 2-3 谷子样地生长情况

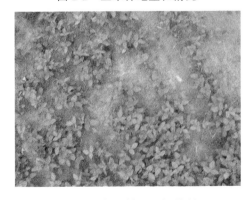

图 2-4 大豆样地生长情况

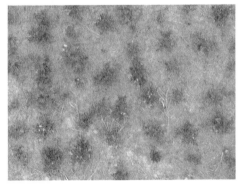

图 2-5 土豆样地生长情况

上旬，玉米地、谷子地和大豆地分别锄草 1 次，锄草深度大约为 5cm，玉米、谷子、大豆和土豆均在 9 月底收获。玉米、谷子、大豆和土豆生育期基本特征如表 2-1 和表 2-2 所示。

表 2-1　玉米和谷子生育期基本特征

| 实验时间 | 生育期 | | 生长阶段 |
(月-日)	玉米	谷子	
04-29	播种期	播种期	Ⅰ
05-20	幼苗期	幼苗期	Ⅱ
06-03	五叶期	—	Ⅲ
06-28	拔节期	拔节孕穗	Ⅳ
07-20	抽雄吐丝期	抽穗灌浆期	Ⅴ
09-04	成熟期	籽粒形成期	Ⅵ
09-28	收获期	成熟期	Ⅶ

表 2-2　大豆和土豆生育期基本特征

| 实验时间 | 生育期 | | 生长阶段 |
(月-日)	大豆	土豆	
04-30	播种期	—	Ⅰ
05-27	幼苗期	播种期	Ⅱ
06-04	—	幼苗期	Ⅲ
07-22	开花期	现蕾期	Ⅳ
08-02	结荚期	开花期	Ⅴ
08-12	鼓粒期	淀粉积累期	Ⅵ
09-20	成熟期	成熟期	Ⅶ
09-30	收获期	收获期	Ⅷ

选取该区典型直根系（赖草和紫花苜蓿）和须根系（冰草和柳枝稷）退耕草地作为实验样地，其中，赖草 [*Leymus secalinus*（Georgi）Tzvel.] 为退耕 3 年草地，紫花苜蓿（*Medicago sativa* L.）为退耕 17 年草地，赖草、紫花苜蓿、冰草和柳枝稷生育期基本特征见表 2-3 和表 2-4。赖草地和紫花苜蓿地土壤质地均为粉砂壤土，黏粒、粉粒和砂砾的含量分别为 9.75%、57.21%、33.04% 和 11.24%、60.76%、28%，土壤有机质含量分别为 9.86g/kg 和 11.66g/kg。冰草

[*Agropyron cristatum* (L.) Gaertn.]是禾本科冰草属植物，根系发达，具有较强的抗旱性和抗寒性，是黄土高原地区重要的优势种禾草，也是该区的优良牧草和重要的水土保持植物。柳枝稷（*Panicum virgatum* L.）为禾本科黍属多年生 C_4 草本植物，20 世纪 90 年代被引种到我国黄土高原地区，是一种需水量较少的禾本科牧草，具有优良的水土保持性能。

表 2-3 赖草和紫花苜蓿生育期基本特征

实验时间	生育期		生长阶段
（月-日）	赖草	紫花苜蓿	
04-18	返青	返青	Ⅰ
05-24	抽穗	旁枝形成	Ⅱ
06-18	开花	现蕾	Ⅲ
07-18	种子成熟	开花	Ⅳ
08-15	种子散落初期	结荚	Ⅴ
09-10	种子散落高峰期	种子成熟初期	Ⅵ
09-30	种子散落末期	种子成熟末期	Ⅶ

表 2-4 冰草和柳枝稷生育期基本特征

实验时间	生育期		生长阶段
（月-日）	冰草	柳枝稷	
04-18	返青	返青	Ⅰ
05-20	分蘖	分蘖	Ⅱ
06-18	拔节	拔节孕穗	Ⅲ
07-20	孕穗	抽穗	Ⅳ
08-10	开花	开花结果	Ⅴ
09-30	种子成熟	种子成熟	Ⅵ

2.2.3 土壤分离能力实验

1. 土壤样品采集

实验开始时依次在典型农耕地（玉米地、谷子地、大豆地和土豆地）采取原状土壤样品。采样时选择地表较为平整的土壤表面，用内径 9.8cm 的环刀靠近植株根部取原状土样（图 2-6）。采样时首先将内径 9.8cm、高 5cm 的环刀垂直压入土壤，一边向下压采样环，一边用剖面刀将土样环周围的土壤切开。当确认土样环已经被土壤填满时，取出土样，盖上土样环上面的盖子，用剖面刀将土样环剖出，然后将土样反转过来，慢慢地削去多余的土壤，用剪刀将底部多余的根系剪掉，放上棉布，避免运输途中震荡对土样造成的扰动，再盖上土样环下面的盖子。取样深度 0~5cm。每次取样用 5 个铝盒在采样点附近随机采集土壤水分含量样品，用于计算土样冲刷前的干质量。

图 2-6　土壤分离样品采集

每次采样每个样点重复采集 5 次，从 4 月 10 日开始，以约 20d 为周期，分别在玉米地、谷子地、大豆地和土豆地采集原状土样，玉米地、谷子地和大豆地共采集 12 个周期，土豆地采集 11 个周期，共采集 1645 个土壤分离样品。

退耕草地的采样在典型农耕地采样之后，实验开始时在退耕 3 年草地（赖草地）、退耕 17 年草地（紫花苜蓿地）和对照样地（谷子地），分别采用内径 9.8cm、高 5cm 的环刀，靠近植株根部取原状土样（Zhang et al., 2009, 2008,

2002)。采样时尽量选取地表较为平整的土壤表面。每次取样用 5 个铝盒在采样点附近随机采集土壤水分含量样品,用于计算土样冲刷前的干质量。

每个采样点每次均采集 5 个重复样品,土壤分离能力实验在 4 月上旬开始,根据各草地生育阶段的变化特征,分别选取关键的生育阶段开展实验(表 2-1 至表 2-4),在赖草地、紫花苜蓿地和对照样地(谷子地)分别进行了 7 个生长阶段的土壤分离能力实验,共采集土壤分离样品 630 个。

土壤分离能力实验在 4 月上旬开始,9 月下旬结束,共选取两种不同退耕草地 6 个生育阶段开展实验(表 2-1)。实验开始时,用内径 9.8cm、高 5cm 的环刀,分别在对照样地、冰草地和柳枝稷地靠近植株根部取原状土样做土壤分离实验(Zhang et al., 2009, 2008, 2002),共采集土壤分离样品 540 个。

2. 坡面流水动力学参数测定

实验采用变坡水槽系统测定土壤分离能力,变坡水槽长 4m、宽 0.35m、深 0.6m,底部为有机玻璃板。为使水槽底部糙度与农田地表尽量保持一致,实验前将实验用土(在实验地近地表采取,过 1mm 土样筛)用湿油漆均匀粘在有机玻璃板上。在距水槽出口 0.5m 处设置土样放置室,直径约 10.0cm。水槽顶端有一深度为 0.4m 的消能池。水槽顶端与滑轮相连,可调节水槽坡度,变化范围为 0°~60°。槽面水流由供水系统供应。供水系统由蓄水池、水泵、分流箱、阀门组和输水管道组成,通过调整阀门组,可调节水槽流量。水流通过水槽后,进入沉沙池,再返回蓄水池(图 2-7),如此循环,为实验过程提供稳定、持续的供水。土样冲刷前,预先调好坡度和流量。利用平均流速计算水深,然后用水深和坡度计算得到实验采用的 6 组水流剪切力(表 2-5)。

图 2-7 实验水槽

表 2-5 水动力参数表

流量/(m³/s)	流速/(m/s)	水深/mm	坡度/%	水流剪切力/Pa
1.0	0.85	3.4	17.4	5.71
2.0	1.12	5.1	17.4	8.60
2.0	1.34	4.2	25.9	10.75
1.5	1.35	3.2	42.3	13.06
2.0	1.53	3.7	42.3	15.36
2.5	1.71	4.1	42.3	17.18

3. 水动力参数计算

水深计算公式：

$$h = \frac{Q}{V_m W_d} \quad (2-1)$$

式中，h 为水深（m）；Q 为流量（m³/s）；V_m 为平均流速（m/s）；W_d 为槽宽（m）。

水流剪切力计算公式：

$$\tau = \rho g h S \quad (2-2)$$

式中，τ 为水流剪切力（Pa）；ρ 为水密度（kg/m³）；g 为重力加速度（m/s²）；S 为坡度（%）。

4. 土壤分离能力测定

实验采用变坡水槽系统测定土壤分离能力（图 2-7），冲刷前用喷壶将环刀样喷至饱和为止。土样冲刷前，预先调好坡度和流量。冲刷实验时，调节坡度及流量至设定值，将土样放入放样室开始冲刷。待土样冲刷掉 2cm 左右厚度时取出环刀样，并记录冲刷时间。每一组水动力条件下，重复实验 5 次，共进行 1645 个土样分离样品实验。将冲刷完毕的土样放置于烘箱，105℃下烘至恒重后称量。土样冲刷前的湿质量减去水分质量即得冲刷前土样干质量。土壤分离能力计算公式为（Yu et al., 2014b, 2014a; Wang et al., 2014; Zhang et al., 2013, 2009）：

$$D_c = \frac{W_a - W_b}{1000 \cdot t \cdot A} \quad (2-3)$$

式中，D_c 为土壤分离能力 [kg/(m²·s)]；W_a 为冲刷前土壤干质量（g）；W_b 为冲刷后土壤干质量（g）；t 为冲刷时间（s）；A 为环刀面积（m²）。土样烘干称量后，用水洗法冲刷土样中的根系，并置于烘箱，于 65℃下烘至恒重并称量。

2.2.4 土壤分离能力季节变化实验

4~9月进行土壤分离过程季节变化实验研究。4月10日开始，以约20d为周期，分别在玉米地、谷子地、大豆地和土豆地采集原状土样。每个采样周期每个样地采集35个原状土样，其中30个土样用于水槽分离实验，剩余5个作为水槽分离实验备份样（在冲刷过程中，若有损坏则用这5个样品替补）。玉米、谷子和大豆水槽分离实验持续12个周期，土豆水槽分离实验持续11个周期。9月30日整个实验终止。

在每个实验周期，靠近植株根部另外收集5个环刀样品，用于研究根系对土壤分离能力、细沟可蚀性和临界剪切力的影响实验。样品收集后首先用水洗法在筛网上洗出该时期作物的鲜根，然后放在托盘中用浓度1∶500的亚甲基蓝染色18h左右。将染色后的根系用吸水纸吸干，平铺在长度为29.7cm、宽度为21.0cm的透明塑料纸上（尽量避免根系重叠）用扫描仪（BenQ K802）进行扫描。扫描仪分辨率设置为300dpi，图片格式设置为灰度，位深度为8，保存格式为bmp格式。将扫描得到的根系图片用CIAS（Version 2.0, CID Company, USA）图像处理系统分析计算根系的表面积、平均根径、根长和根体积，将根系的表面积、根长和根体积分别除以取样容器体积得到根系表面积密度（cm^2/cm^3）、根长密度（m/cm^3）、根体积密度（cm^3/cm^3）（Zhou et al., 2007）。最后将扫描后的根系烘干（70℃，24h）称量，用烘干根质量除以采样器体积得到根重密度（kg/m^3）。

作物根系指标计算过程如下：

将根系近似考虑为圆柱体，用CIAS（Version 2.0, CID Company, USA）图像处理系统计算每一土样内每一条根系的长度及根直径（D，mm），然后计算根系表面积及根体积，最终计算作物根重密度、根长密度、根表面积密度和根系体积密度。

$$L = \frac{C + \sqrt{C^2 - 16S}}{4} \quad (2\text{-}4)$$

$$D = \frac{C}{2} - \frac{C + \sqrt{C^2 - 16S}}{4} \quad (2\text{-}5)$$

式中，L为根系长度（m）；D为根直径（mm）；C为根横截面周长（m）；S为根横截面面积（m^2）。

$$\text{RD} = \frac{W_r}{V_{环刀}} \quad (2\text{-}6)$$

式中，RD为根重密度（kg/m^3）；W_r为每一土样中的根系质量（kg）；$V_{环刀}$为每一土样的体积（0.000384m³）。

$$\text{RLD} = \frac{\sum_{i=1}^{n} L_i}{V_{环刀}} \quad (2-7)$$

式中，RLD 为根长密度（m/m³）；L_i 为第 i 个根根系长度（m）；$V_{环刀}$ 为每一土样的体积（0.000384m³）。

$$\text{RAD} = \frac{\sum_{i=1}^{n} \pi D_i L_i}{V_{环刀}} \quad (2-8)$$

式中，RAD 为根表面积密度（m²/m³）；D_i 为第 i 个根根系直径（m）；L_i 为第 i 个根根系长度（m）；$V_{环刀}$ 为每一土样的体积（0.000384m³）。

$$\text{RAR} = \frac{\sum_{i=1}^{n} \pi \left(\frac{D_i}{2}\right)^2 L_i}{V_{环刀}} \quad (2-9)$$

式中，RAR 为根体积密度（m³/m³）；D_i 为第 i 个根根系直径（m）；L_i 为第 i 个根根系长度（m）；$V_{环刀}$ 为每一土样的体积（0.000384m³）。

2.2.5 土壤细沟可蚀性和土壤临界剪切力计算

在土壤分离过程季节变化实验的基础上，利用土壤侵蚀过程 WEPP 模型简化方程（2-10）来计算土壤细沟可蚀性（K_r）和土壤临界剪切力（τ_c）（Yu et al.，2014a；Wang et al.，2014；Flanagan et al.，1995）：

$$D_c = K_r(\tau - \tau_c) \quad (2-10)$$

式中，D_c 为土壤分离能力 [kg/（m²·s）]；K_r 为土壤细沟可蚀性（s/m）；τ_c 为土壤临界剪切力（Pa）；τ 为水流剪切力（Pa）。

将实验中 6 组水流剪切力（τ）与所对应的一系列土壤分离能力（D_c）数据用线性形式拟合回归，回归方程的斜率即为土壤细沟可蚀性（K_r）的值，X 轴的截距为土壤临界剪切力（τ_c）的值。

2.2.6 土壤稳定入渗率测定

根据黄土高原降水非常集中的特点，入渗实验采用双环法（任宗萍等，2012）。双环的内外环高度均为 18.5cm，直径分别为 20cm 和 35cm。当进行土壤入渗实验时，分别在赖草地和紫花苜蓿地地势较为平坦的地面选取长势大致相同的 3~4 棵植株，用剪刀剪掉地表的植被，尽量不造成地表的破坏。每次实验持续时间大约为 100min，每次每个样地一般重复测定 3~4 次，在土壤入渗率基本达到稳定时停止实验。达到稳定后的 3 组相近数据的平均值作为实验的稳定入渗率，然后将各次重复实验的稳定入渗率平均，得到该退耕草地在这个生长阶段的稳定入渗率。每次按照赖草地、紫花苜蓿地和裸地顺序依次完成入渗实验。入渗实验于 4 月上旬开始，9 月底结束，分别选取各退耕草地 7 个关键生长阶段开展实验，单次实验累计 74 次。在实验过程中记录水温，土壤入渗速率计算公式为（徐敬华等，2008）

$$f_{10} = \frac{10v}{st(0.7+0.03T)} \tag{2-11}$$

式中，f_{10} 是 10℃标准水温所对应的土壤入渗速率（mm/min）；v 为用量杯加入内环中的水量（mL）；s 为内环面积（cm²）；t 为定量水 v 入渗所需的时间（min）；T 为实验时记录的水温（℃）。

土壤容重、土壤总孔隙度和土壤毛管孔隙度均用环刀法测定，每次重复测定 3 次。土壤初始含水量用烘干法测定，每次重复测定 5 次。

2.2.7 土壤理化性质测定

1. 土壤容重

土壤容重（g/cm³）是指单位体积土壤的干重，用环刀法测定。每个实验周期在每个样地随机选取 3 个长势相近的植株，分别靠近植株根部挖一个剖面用环刀（100cm²）按 0~5cm 取原状土样，共采集 3 个剖面的土壤容重样品，将土样放在 105℃烘箱中烘干 24h 称重计算土壤容重（鲁如坤，2000）。

在每个作物地，每个实验周期每个样地 3 个重复，共采集 141 个土壤容重样品。

2. 土壤黏结力

在采集土壤分离样的同时进行土壤黏结力测定。土壤黏结力的测定采用微型黏结力仪（Durham Geo-Enterprises, Inc., UK）。测定前先用喷壶将地表喷湿，使地表充分湿润，然后将黏结力仪的叶轮垂直插入土壤，顺时针扭动黏结力仪，当扭矩足够大且达到土壤最大抗剪强度时，土壤开始转动，记下此时黏结力仪刻度盘上的数值。反复测量 10 次，去掉最大值和最小值，取其平均值作为该时期的土壤黏结力值（Zhang et al., 2009, 2008, 2002）。

在每个样地，每个实验周期采样点测定 10 次，共测定 470 次。

3. 土壤初始含水量

为测定土壤分离样品的初始含水量，在土壤分离土样周围用铝盒采集土壤表面 0~5cm 厚度土样。每个实验周期每个样点重复采集 5 次，共采集 235 个土壤初始含水量样品，随即称重（精确到 0.01g）并记录。然后置于烘箱中，在 105℃下烘干 24h 后，取出称重，计算相应实验周期的土壤初始含水量（杨文治等，2000）。

4. 土壤水稳性团聚体

采取耕层土壤，采样时首先注意土壤的湿度，在土不沾铲，接触不变形时采集。用白铁盒在田间 3 点采集有代表性的原状土样，保持原来的结构状态，运输时尽量避免震动和翻倒。运回实验室后，沿土壤的自然结构轻轻剥开，将原状土按照其结构瓣成直径为 10~12mm 的小土块，同时尽量防止受到外力的作用而变形，并剔去粗根和小石块。将土样放在牛皮纸上摊平，置于透气通风处，让其自然风干（Onofiok et al.，1984）。

将风干的土样混匀，取其中一部分（一般不小于 1kg，精确至 0.01g）。用孔径分别为 10mm、7mm、5mm、3mm、2mm、1mm、0.5mm、0.25mm 筛子进行筛分(筛子附有底和盖)。筛完后，将各级筛子上的团聚体及粒径小于 0.25mm 的土粒分别称量（精确至 0.01g），计算干筛的各级团聚体占土样总量的百分含量。然后按其百分比，配成 3 份质量为 50g（精确至 0.01g）的土样，用于湿筛分析。

将配好的土样放在滤纸上，摊平，进行喷雾处理，使水雾垂直降落，喷 10 次左右。在团聚体 FT-3 型电动团粒分析仪（震荡周期为 1.9s）上进行湿筛分析，一次可同时分析 4 个土样。先将孔径为 5mm、3mm、2mm、1mm、0.5mm、0.25mm 套筛用铁架夹住放入水桶中，分析前向 4 个水桶加水，使得套筛在运动到达最高位置时，筛上缘恰好与水面齐平，水面刚好淹没 5mm 套筛底部 1cm 为准。将干晒 50g 土样放入筛中，然后开动马达使套筛在水中上下运动，升降幅度为 4cm 左右，震荡 30 次后，关闭团粒分析仪，提出套筛，将筛组拆开。然后将留在筛子上的各级团聚体用细水流通过漏斗分别洗入烧杯中，待澄清后倒去上面的清液，在低温电热板上烘干，再在空气中平衡 2h 后称重。

在每个样地，每个实验周期采样点测定 3 次，共测定 84 次。

2.2.8 植被参数测量

以大约 20d 为实验周期，分别在玉米、谷子、大豆和土豆样地观测作物株高、株径、盖度、地上生物量及根系生物量。

株高、株径、地上生物量和根重密度均采用抽样调查方法，每个实验周期每个样地采集平均长势大致相同的 3 个植株。先贴地剪掉地上作物部分，测量 3 个作物植株高度和株径。株高用精度为 1mm 的直尺测量。抽穗植株测量剪口到最上部叶鞘痕的长度值,未抽穗植株测量剪口到最上部展开叶叶鞘痕的长度值。株径用游标卡尺测量,精度为 0.01mm。每一实验周期株高、株径取 3 株数据均值。随后,将其放入烘箱中,于 65℃下烘 24h,称量地上生物量。每个实验周期用数码相机在距地面 3.5m 左右的高度对样地拍照,每个样地每次重复拍 3~4 次,然后使用 PCOVER 软件分析每种作物的盖度(章文波等,2009),取其平均值作为该时期该作物的盖度。

根系取样时,使用长宽均为 20cm,高为 5cm 的取样器,以植株径杆为中心,用取样器取出植株根部 0~5cm 内土壤。用水洗法洗出采样环内所有根系,然后将根系在 65℃下烘 24h,然后用精度为 0.001g 天平称其质量计算单位土体根重,单位 kg/m³,取其平均值作为该时期的根重密度。

2.2.9 数据处理方法

相关分析和显著性差异检验均用 SPSS 18.0 软件中的相应程序进行,图形绘制用 SigmaPlot 10.0 软件进行。

用变异系数来描述数据的离散程度,计算公式为

$$C_v = \frac{SD}{\bar{X}} \tag{2-12}$$

$$SD = \sqrt{\frac{1}{n}(X_i - \bar{X})^2} \tag{2-13}$$

式中,C_v 为变异系数;SD 为标准差;$\bar{X}$ 为样本平均值;X_i 为第 i 个样本值;n 为样本个数。根据 Nielsen 和 Bouma 提出的分类体系,当 C_v 小于等于 0.1 时是弱变异性;当 $0.1 < C_v < 1$ 时是中等变异性;当 C_v 大于等于 1 时是强变异性(Chartres,1986)。

决定系数(R^2)和模型有效系数(NSE)的计算公式为

$$R^2 = \frac{\left[\sum_{i=1}^{n}(O_i - O_m)(P_i - P_m)\right]^2}{\sum_{i=1}^{n}(O_i - O_m)^2 \sum_{i=1}^{n}(P_i - P_m)^2} \tag{2-14}$$

$$NSE = \frac{\sum_{i=1}^{n}(O_i - O_m)^2 - \sum_{i=1}^{n}(P_i - P_m)^2}{\sum_{i=1}^{n}(O_i - O_m)^2} \tag{2-15}$$

式中,O_i 为实测值 [kg/(m²·s)];O_m 为实测值的平均值 [kg/(m²·s)];P_i 为模拟值 [kg/(m²·s)];P_m 为模拟值的平均值 [kg/(m²·s)]。

模型的决定系数（coefficient of determination，R^2）(Rao，1973)越接近1，说明模拟数据与实验数据的相关性越好。模型的有效系数（Nash-Sutcliffe efficiency coefficient，NSE)(Nash et al., 1970)一般用以验证模型模拟结果的好坏。NSE越接近于1，表示模型可信度越高。

参 考 文 献

鲁如坤，2000. 土壤农业化学分析方法[M]. 北京：中国农业科学技术出版社.

任宗萍，张光辉，王兵，等，2012. 双环直径对土壤入渗速率的影响[J]. 水土保持学报，26(4): 94-97.

徐敬华，王国梁，陈云明，等，2008. 黄土丘陵区退耕地土壤水分入渗特征及影响因素[J]. 中国水土保持科学，6(2): 19-25.

杨文治，邵明安，2000. 黄土高原土壤水分研究[M]. 北京：科学出版社.

章文波，路炳军，石伟，2009. 植被覆盖度的照相测量及其自动计算[J]. 水土保持通报，29(2): 39-42.

CHARTRES C J, 1986. Soil spatial variability[J]. Geoderma, 39(2): 158-159.

FLANAGAN D C, NEARING M A, 1995. Usda-water erosion prediction project hillslope profile and watershed model documentation[R]. USDA-ARS National Soil Erosion Research Laboratory, NSERL Report No. 10.

NASH J E, SUTCLIFFE J V, 1970. River flow forecasting through conceptual models (part 1): a discussion of principles[J]. Journal of Hydrology, 10(3): 282-290.

ONOFIOK O, SINGER M J, 1984. Scanning electron microscope studies of surface crusts formed by simulated rainfall[J]. Soil Science Society of America Journal, 48(5): 1137-1143.

RAO C R, 1973. Linear statistical inference and its applications[M]. New York: John Wiley & Sons.

WANG B, ZHANG G H, SHI Y Y, et al., 2013. Effect of natural restoration time of abandoned farmland on soil detachment by overland flow in the Loess Plateau of China[J]. Earth Surface Processes & Landforms, 38(14): 1725-1734.

WANG B, ZHANG G H, ZHANG X C, et al., 2014. Effects of near soil surface characteristics on soil detachment by overland flow in a natural succession grassland[J]. Soilence Society of America Journal, 78(2): 589-597.

YU Y C, ZHANG G H, GENG R, et al., 2014a. Temporal variation in soil rill erodibility to concentrated flow detachment under four typical croplands in the Loess Plateau of China[J]. Journal of Soil & Water Conservation, 69(4): 352-363.

YU Y C, ZHANG G H, GENG R, et al., 2014b. Temporal variation in soil detachment capacity by overland flow under four typical crops in the Loess Plateau of China[J]. Biosystems Engineering, 122(3): 139-148.

ZHANG G H, LIU B Y, NEARING M A, et al., 2002. Soil detachment by shallow flow[J]. Transactions of the American Society of Agricultural Engineers, 45(2): 351-357.

ZHANG G H, LIU G B, TANG K M, et al., 2008. Flow detachment of soils under different land uses in the Loess Plateau of China[J]. Transactions of the American Society of Agricultural Engineers, 51(3): 883-890.

ZHANG G H, TANG K M, REN Z P, et al., 2013. Impact of grass root mass density on soil detachment capacity by concentrated flow on steep slopes[J]. Transactions of the American Society of Agricultural Engineers, 56(3): 927-934.

ZHANG G H, TANG M K, ZHANG X C., 2009. Temporal variation in soil detachment under different land uses in the Loess Plateau of China[J]. Earth Surface Processes & Landforms, 34(9): 1302-1309.

ZHOU Z C, SHANGGUAN Z P, 2007. The effects of ryegrass roots and shoots on loess erosion under simulated rainfall[J]. Catena, 70(3): 350-355.

第 3 章　农耕地作物生长参数季节变化

3.1　实验期降水与气温

水分是植物体内的重要组成部分之一，通常占植物组织鲜重的70%～90%。植物必须通过不断地吸收水分来保持植株内部的水分含量。同时，也不断地通过叶片等地上部分散失水分。伴随着水分的流动，大量的矿物质营养、有机分子、气体等才能在植物体内运移并发挥其重要的生理生化作用。大气降水进入土壤圈，是植物生长所需水分的来源之一，也是植物吸收养分和养料的主要运输通道。大气降水的季节变化往往会导致土壤中水分的运动和变化，并影响土壤中各种物质和能量的运输过程，最终影响到植物生长和发育状况。

温度是一个状态函数，是物质分子平均动能水平高低的标志，也是植物生长和发育的重要条件之一。它不仅直接影响植物的生长、产量、品质及分布状况，而且也影响植物的生长发育速度，从而影响植物生育期的长短与各生育期出现的早晚。温度也会引起土壤水分、大气湿度及土壤肥力等其他环境因子的变化。植物的生长和发育往往需要一定的温度条件。例如，温度通过影响植物呼吸、蒸腾、光合作用等植物生理过程和酶的活性来影响植物的生长，同时还会波及土壤温度，影响植物对水分和肥力的吸收和传导，最终作用于植物的生长过程。植物只能在一定温度范围内生长，超出相应的温度范围，植物生长就会停滞甚至死亡。

实验区作物和草地生长季内日降水量与日平均气温的季节变化分布如图3-1所示。从图3-1可知，实验期内研究区的降水量主要集中在7月～9月三个

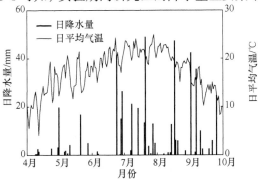

图 3-1　实验区气温与降水量季节变化分布

月份。这三个月的降水量占到实验期降水量的 69.3%,与该区多年平均降水量相比,相对偏少。4 月中旬后,日平均气温稳定在 10℃以上,在生长发育过程中作物和草地气温始终处于 10℃以上,与多年平均气温状况相比,相对偏低。

3.2 作物株高季节变化

在黄土高原地区作物生长季,玉米、谷子、大豆和土豆四种作物的株高表现为先增加后趋于稳定的季节变化趋势(图 3-2)。生长季初期作物株高增长较为缓慢。从 7 月上旬开始,随着雨季的来临作物生长速度逐渐加快,株高迅速增加,9 月上旬株高达到最大值,并基本维持到实验结束。四种作物在株高上季节变化趋势较为相似,但在细节上又呈现出差异。在 6 月上旬以前,四种作物株高相差不大。6 月中下旬以后,由于实验区内的降水开始增多,作物植株的生长开始加快,玉米和谷子株高的增长速度相对较快,其次是大豆和土豆。玉米在作物生长季平均高度、峰值高度最大,其次是谷子,大豆和土豆相对较小,四种作物所对应的平均高度分别为(1.52m±0.98m)、(0.80m±0.46m)、(0.48m±0.30m)和(0.30m±0.18m),峰值高度分别为 2.34m、1.19m、0.72m 和 0.40m。

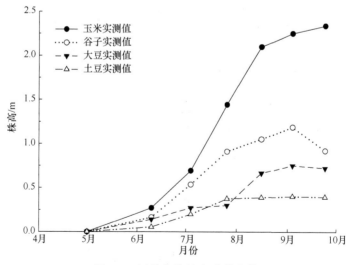

图 3-2 四种作物株高季节变化

如图 3-3 和表 3-1 所示,四种作物平均株高生长季的变化都符合 Logistic 生长曲线,在 α=0.05 水平上,四种作物平均株高的模拟方程均达到显著水平。

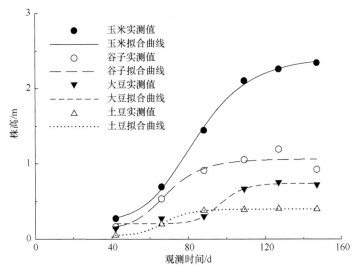

图 3-3 四种作物株高季节变化模拟

表 3-1 四种作物株高随时间变化关系

作物	Logistic 曲线关系（株高 y –时间 x）	显著水平
玉米	$y = 0.25 + 2.18/\left[1 + (x/84.15)^{-5.96}\right]$	0.002**
谷子	$y = 0.14 + 0.92/\left[1 + (x/68.87)^{-7.49}\right]$	0.079*
大豆	$y = 0.21 + 0.54/\left[1 + (x/96.97)^{-5.96}\right]$	0.039*
土豆	$y = 0.05 + 0.35/\left[1 + (x/67.88)^{-10.35}\right]$	0.001**

**$p<0.01$（双尾）；*$p<0.05$（双尾）。

3.3 作物株径季节变化

在黄土高原地区作物生长季，玉米、谷子、大豆和土豆株径表现为先增加较快后趋于缓慢的季节变化趋势（图 3-4）。在 7 月上旬以前，玉米株径增长较快，7 月中下旬以后趋于缓慢，株径增加变化范围为 0～20.2mm，平均增加17.08mm。谷子、大豆和土豆三种作物在 8 月中旬以前增长较快，8 月中旬以后增长逐渐趋于缓慢，三种作物株径的变化范围分别为 0～6.88mm，0～10.93mm，0～9.23mm，平均增加分别为 5.34mm、8.19mm 和 7.43mm。

如图 3-5 和表 3-2 所示，四种作物生长季内平均株径的变化可以用 Logistic

生长曲线进行模拟,模拟方程在 α=0.01 水平上均达到显著水平。

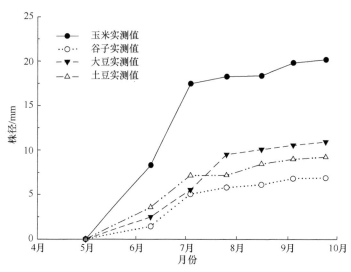

图 3-4 四种作物株径季节变化

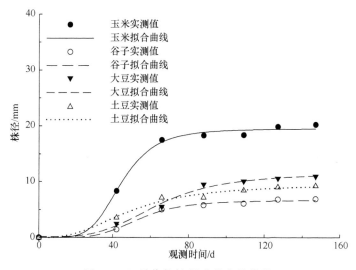

图 3-5 四种作物株径季节变化模拟

表 3-2 四种作物株径随时间变化关系

作物	Logistic 曲线关系（株径 y -时间 x）	显著水平
玉米	$y=-0.3+19.6/\left[1+(x/2456091.38)^{-243601.76}\right]$	0.001**
谷子	$y=-0.11+6.64/\left[1+(x/2456101.15)^{-219994.77}\right]$	0.003**

		续表
作物	Logistic 曲线关系（株径 y –时间 x）	显著水平
大豆	$y = -0.13 + 10.99 / \left[1 + (x/2456109.73)^{-155110.81} \right]$	0.001**
土豆	$y = -2.02 + 11.19 / \left[1 + (x/2456086.34)^{-101518.22} \right]$	0.004**

**$p < 0.01$（双尾）。

3.4 作物盖度季节变化

玉米、谷子、大豆和土豆四种作物盖度生长季的变化如图 3-6 所示。从图 3-6 可以明显看出，玉米、谷子和土豆的盖度大致表现为先增加后趋于稳定的生长季变化趋势，大豆的盖度表现为先增加后趋于稳定然后再降低的变化趋势。在生长季初期，四种作物盖度均相对较低，几乎接近于 0，此后逐渐增大。随着雨季的到来，7 月上旬以后作物生长速度加快，四种作物盖度迅速增加，玉米、谷子、大豆和土豆的增加幅度分别为 27.6%～82.7%，9.9%～28.4%，9.9%～87.2% 和 8.9%～29%，平均增加幅度分别为 58.7%、22.4%、57.6% 和 19.2%。玉米、谷子和土豆的盖度均在 9 月上旬达到最大值，分别为 86.8%、38.6% 和 36.6%，大豆的盖度在 8 月中旬达到最大值 98.1%。此后，玉米、谷子和土豆的盖度在收获前趋于稳定；大豆盖度由于成熟后叶子凋落而急剧下降，下降幅度为 42.6%，收获前降低到 55.5%。

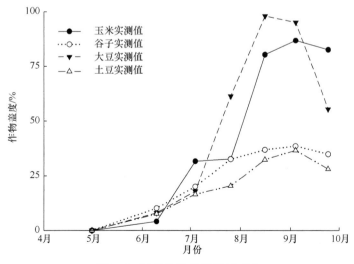

图 3-6 四种作物盖度季节变化

如图 3-7 和表 3-3 所示，四种作物盖度在生长季内的变化都符合 Logistic 生长曲线，其中，在 $\alpha=0.05$ 水平上玉米、谷子和土豆模拟方程达到显著水平。

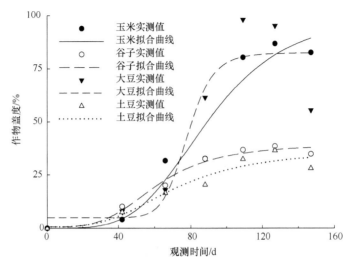

图 3-7 四种作物盖度季节变化模拟

表 3-3 四种作物盖度随时间变化关系

作物	Logistic 曲线关系（盖度 y –时间 x）	显著水平
玉米	$y = 1.35 + 89.37 / \left[1 + (x/2456134.79)^{-147922.14}\right]$	0.02*
谷子	$y = -0.46 + 38.11 / \left[1 + (x/2456107.61)^{-150946.97}\right]$	0.002**
大豆	$y = 4.37 + 78.19 / \left[1 + (x/2456126.01)^{-331207.89}\right]$	0.07ns
土豆	$y = -0.75 + 34.35 / \left[1 + (x/2456114.97)^{-120330.71}\right]$	0.029**

** $p < 0.01$（双尾）；* $p < 0.05$（双尾）；ns 表示无显著性差异。

3.5 作物生物量季节变化

四种作物地上生物量生长季的变化状况如图 3-8 所示。玉米、谷子、大豆和土豆地上生物量在生长初期较小，地上生物量干重均小于 1.5g/株。随着雨季的来临，7 月上旬以后四种作物地上生物量开始快速增加，其中，玉米增长速度最快，其次是谷子，大豆和土豆增长相对较慢，它们的增加幅度分别为 9.9%~137%、12.2%~407.8%、1.9%~159%和 1.2%~20.6%，平均增加幅度分别为 79.3%、189.1%、71.2%和 12.4%。

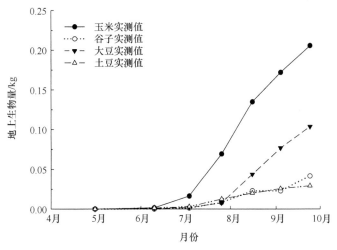

图 3-8 四种作物地上生物量季节变化

在9月下旬收获前期,四种作物地上生物量均达到最大值,玉米、谷子、大豆和土豆四种作物地上生物量的最大值依次为 0.21kg、0.04kg、0.1kg 和 0.03kg。玉米和大豆在生长后期地上生物量仍增加较大的原因可能是种子成熟后干物质大量积累。

如图 3-9 和表 3-4 所示,玉米、谷子、大豆和土豆四种作物地上生物量生长季的变化均符合 Logistic 生长曲线,在 $\alpha=0.01$ 水平上,四种作物的模拟方程均达到显著水平。

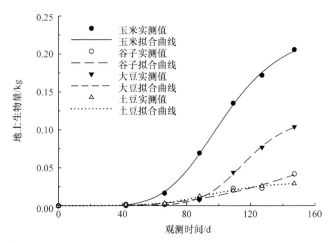

图 3-9 四种作物地上生物量季节变化模拟

表 3-4 四种作物地上生物量随时间变化关系

作物	Logistic 曲线关系（地上生物量 y –时间 x）	显著水平
玉米	$y=-0.001+0.24/\left[1+(x/103.67)^{-5.35}\right]$	0.000**
谷子	$y=-0.001+0.23/\left[1+(x/240.99)^{-3.09}\right]$	0.011**
大豆	$y=-0.0001+0.12/\left[1+(x/117.37)^{-8.33}\right]$	0.000**
土豆	$y=0.0003+0.03/\left[1+(x/99.1)^{-5.19}\right]$	0.000**

** $p < 0.01$（双尾）。

3.6 作物根重密度季节变化

玉米、谷子、大豆和土豆四种作物根重密度生长季的变化如图 3-10 所示。在实验期内四种作物根重密度大致表现为先增加后趋于稳定的变化趋势。四种作物根重密度生长季的变化特点各不相同。其中，玉米的根重密度在各个生长阶段均大于谷子、大豆和土豆的根重密度。四种作物中玉米的根重密度最大，其次是谷子，大豆和土豆根重密度相对较小。它们对应的最大根重密度分别为 4.84kg/m³、0.875kg/m³、0.315kg/m³ 和 0.195kg/m³。在 7 月份以前，玉米根重密度增长较为缓慢，随着雨季的到来，7 月份以后增长速度迅速加快，9 月上旬基本达到最大值，并保持稳定状态；在 8 月份之前，谷子根重密度增长较为缓慢，8 月份以后增长速度加快；大豆和土豆根重密度的增加速度一直较小，7 月份以后，玉米、谷子、大豆和土豆四种作物根重密度的增加幅度依次为 347%~3569%、745%~15809%、1417%~3400% 和 40%~2900%，平均增加幅度分别为 2010%、8409%、2510% 和 1386%。

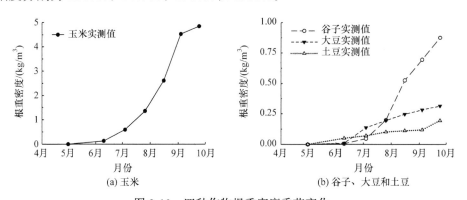

图 3-10 四种作物根重密度季节变化

如图 3-11 和表 3-5 所示，玉米、谷子、大豆和土豆四种作物根重密度生长季的变化均符合 Logistic 生长曲线，在 $\alpha = 0.05$ 水平上，四种作物根重密度的模拟方程均达到显著水平。

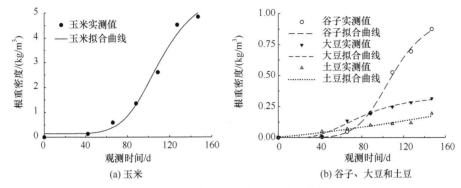

图 3-11　四种作物根重密度季节变化模拟

表 3-5　四种作物根重密度随时间变化关系

作物	Logistic 曲线关系（根重密度 y -时间 x）	显著水平（p）
玉米	$y = 0.14 + 5.72/\left[1 + (x/110.25)^{-6.04}\right]$	0.002**
谷子	$y = 0.0004 + 1/\left[1 + (x/109.3)^{-6.15}\right]$	0.000**
大豆	$y = -0.009 + 0.35/\left[1 + (x/78.65)^{-3.37}\right]$	0.002**
土豆	$y = 639.7 - 639.7/\left[1 + (x/-116377.19)^{-1.24}\right]$	0.028*

**$p < 0.01$（双尾）；*$p < 0.05$（双尾）。

3.7　作物根冠比季节变化

根冠比是指植物根系与地上植株干重的比值，反映了植被光合产物在地上地下的分配状况，对地下生物量的估算具有重要价值，是估算地下生物量的常用方法。图 3-12 给出了玉米、谷子、大豆和土豆四种作物根冠比生长季的变化状况。如图 3-12 所示，四种作物根冠比在 6 月上旬都比较大，最大的是玉米，高达 17.72%，其次是大豆和谷子，根冠比分别为 14.68% 和 10.78%；土豆最小，为 7.41%。然后，随着植株的生长，地上生物量逐渐增大，根冠比开始快速下降。玉米和谷子在 7 月底以后根冠比趋于稳定，8 月上旬又略有上扬。8 月中旬以后，大豆和土豆根冠比波动幅度开始逐渐变小，总体上处于较为平稳的状态。

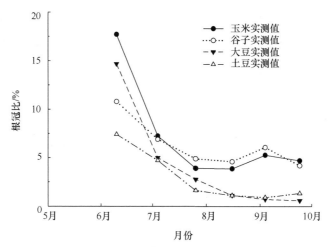

图 3-12 四种作物根冠比季节变化

如图 3-13 和表 3-6 所示,玉米、谷子、大豆和土豆四种作物根冠比生长季的变化均符合指数递减曲线,在 $\alpha=0.05$ 水平上,四种作物根冠比模拟方程均达到显著水平。

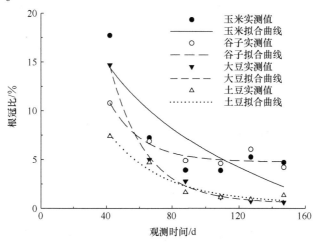

图 3-13 四种作物根冠比季节变化模拟

表 3-6 四种作物根冠比随时间变化关系

作物	指数曲线关系(根冠比 y –时间 x)	显著水平(p)
玉米	$y=262.93\mathrm{e}^{-0.07x}+4.37$	0.002**
谷子	$y=48.36\mathrm{e}^{-0.05x}+4.76$	0.02*
大豆	$y=95.15\mathrm{e}^{-0.05x}+0.55$	0.000**
土豆	$y=25.16\mathrm{e}^{-0.03x}+0.52$	0.008**

**$p<0.01$(双尾);*$p<0.05$(双尾)。

3.8 本章小结

（1）黄土高原地区实验期内的累积降水量达到 472.5mm，主要集中在 7 月、8 月、9 月三个月份，这三个月的降水量占到实验期内降水量的 70%左右。4 月中旬后，研究区日平均气温基本稳定在 10℃以上，实验期内在玉米、谷子、大豆和土豆四种作物的生长发育过程中气温始终维持在 10℃以上。

（2）在作物生长季内，玉米、谷子、大豆和土豆等四种作物株高均表现为先增加后趋于稳定的变化趋势，并且株高生长规律符合 Logistic 生长曲线（$p<0.05$）。

（3）四种作物的株径和盖度变化分别表现为先增加较快后趋于缓慢和先增加后趋于稳定的趋势，变化规律均符合 Logistic 生长曲线（$p<0.05$）。

（4）四种作物地上生物量的变化表现为前期增长缓慢后期增长较快的趋势，变化规律也符合 Logistic 生长曲线。

（5）四种作物的根重密度在实验期内大致表现为先增加后趋于稳定的变化趋势，它们的根重密度生长季的变化在 $\alpha = 0.05$ 水平上均符合 Logistic 生长曲线。其中，玉米的根重密度在各个生长阶段均大于谷子、大豆和土豆等三种作物。

（6）玉米、谷子、大豆和土豆四种作物生长季内的根冠比在实验期内表现为下降的变化趋势。其中，玉米根冠比最大，其次是谷子，大豆和土豆的值相对较小。

第4章 农耕地和退耕草地土壤性质季节变化

土壤理化性质是土壤的基本属性,与坡面水文过程和土壤侵蚀过程密切相关。随着植被的生长和退耕年限(模式)的不同,土壤理化性质会发生显著变化。De Baets 等(De Baets et al.,2010,2006;Knapen et al.,2007;Gyssels et al.,2006;Mamo et al.,2001a,2001b)在欧洲比利时黄土地带的研究表明,冬小麦等根系的生长会引起近地表层土壤容重等土壤性状的改变,这可能导致土壤侵蚀过程的变化。在我国黄土高原等地区,随着退耕年限的增加,土壤容重和土壤黏结力逐渐降低,土壤孔隙度、土壤入渗速率、田间持水量、土壤水稳性团聚体及其稳定性、土壤氮、磷、钾、有机质等肥力逐渐增大,变化的幅度往往受到退耕模式和年限、植被群落结构、区域气候变化特征、地貌(地形)条件、土壤性状等多种综合因素的影响(Xu et al.,2014;Ya and Korkanc,2014;An et al.,2013;Wang et al.,2011;Li and Shao,2006)。土壤理化性质对退耕的响应是个缓慢过程,在退耕初期会存在一定程度的硬化趋势(Liu et al.,2012)。

土壤分离过程是土壤侵蚀过程的起始阶段,通常发生在近地表层土壤表面。因此,近地表层土壤表面属性对土壤分离过程有着强烈的影响。随时间的变化土壤属性通常会影响土壤分离过程在时间尺度上的变化(Zhang et al.,2009;Knapen et al.,2007),因此,研究黄土高原地区农耕地和退耕草地土壤属性的时间变化对于查明黄土高原地区土壤分离过程时间尺度上的变化具有重要意义。

4.1 农耕地土壤性质季节变化

4.1.1 农耕地土壤容重生长季变化

玉米、谷子、大豆和土豆四种作物农耕地土壤容重生长季的变化如图 4-1 所示。可以明显看出,四种作物土壤容重在生长季总体上表现为显著增加的趋势(p=0.003,0.039,0.003,0.006)(表 4-1)。四种作物地间土壤容重平均值的显著性差异不明显(表 4-2)。在实验期,玉米、谷子、大豆和土豆农耕地土壤容重的变化范围分别为 1.02~1.23g/cm³、1.02~1.19g/cm³、1.02~

1.16g/cm³ 和 0.99～1.21g/cm³；玉米地和谷子地土壤容重的平均值较大，分别为（1.13±0.07）g/cm³、（1.13±0.05）g/cm³；大豆地和土豆地土壤容重的平均值较小，分别为（1.09±0.05）g/cm³、（1.09±0.09）g/cm³。这一结果与 Zhang 等（2009b）的研究结果相同。

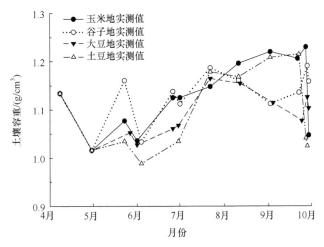

图 4-1 四种作物地土壤容重季节变化

表 4-1 四种作物地土壤容重生长季变化 Kendall's W 显著性检验

作物地	Kendall's W	显著性水平（p）
玉米地	0.868	0.003**
谷子地	0.621	0.039*
大豆地	0.858	0.003**
土豆地	0.829	0.006**

**$p<0.01$（双尾）；*$p<0.05$（双尾）。

表 4-2 四种作物地土壤容重差异配对样本 T 检验

作物地	玉米地	谷子地	大豆地	土豆地
玉米地	1.00	—	—	—
谷子地	0.92ns	1.00	—	—
大豆地	0.04**	0.01**	1.00	—
土豆地	0.11 ns	0.26 ns	0.82 ns	1.00

**$p<0.01$（双尾）；ns 表示无显著性差异。

近地表层土壤在实验期间受到耕作、根系生长、干湿循环和雨滴击打等综合因素的影响，表层土壤容重可能会发生改变。具体来讲，在 4 月中旬，土壤容重相对较大。此后，受到播种等种植活动的影响，玉米地、谷子地、大豆地和土豆地三种作物地的土壤容重迅速下降，其中，玉米地、谷子地和大豆地的下降幅度为 9.7%（播种机播种），土豆地的下降幅度为 3.9%（手工锄播种）。在 6 月初，第一次农事活动（锄草）导致玉米地土壤容重降低 4%，谷子地降低 11%，大豆地降低 2%。7 月初的第二次农事活动（锄草）导致土壤容重下降的幅度较小，均小于 3%。此后，在降水、作物根系生长、盖度增加和土壤硬化过程等因素的影响下，各作物地间土壤容重的变化趋势较为混乱，但整体上呈增加趋势，这可能是土壤硬化过程和土壤结皮发育所导致。降水对地表的击打作用影响土壤结皮的发育程度，而四种作物盖度的差异，也会导致土壤结皮发育不同，从而造成土壤容重较为复杂的变化趋势。玉米地、谷子地和土豆地三种作物地的土壤容重在 9 月下旬达到最大值，分别为 $1.23g/cm^3$、$1.19g/cm^3$ 和 $1.21g/cm^3$，大豆地土壤容重在 8 月中旬达到最大值 $1.15g/cm^3$。农事活动收获对土壤容重也有很大影响。收获导致玉米地的土壤容重下降了 14.6%，谷子地、大豆地和土豆地三种作物地土壤容重的下降幅度较小，均低于 3%。农事活动对土壤干扰程度的大小决定着农事活动对土壤容重影响的大小，并随作物类型和时间的变化而变化。

总体而言，在作物生长季，玉米地、谷子地、大豆地和土豆地四种农耕地的土壤容重整体上呈增加趋势，这一结果与 Alletto 等（2009）的研究结果相同。土壤容重增大，往往会使土壤抗蚀能力提高，从而导致土壤分离速率下降（Bennett et al., 2000）。

从变异系数来看，玉米地、谷子地、大豆地和土豆地变异系数依次为 0.07、0.05、0.05 和 0.07，均小于 0.1，为弱变异性。表 4-2 给出了四种作物地土壤容重差异的配对样本 T 检验结果。结果表明，玉米地和大豆地、谷子地和大豆地在 $\alpha=0.05$ 显著性水平上具有显著性差异。从统计结果来看，玉米地和大豆地、谷子地和大豆地间的 p 值分别为 0.04 和 0.01，均小于 0.05，这表明玉米地和大豆地、谷子地和大豆地之间的土壤容重随时间变化的趋势存在显著性差异。这可能与不同作物地的施肥量、种间距密度、农事活动干扰程度等因素有关（于法展等，2007）。

4.1.2 农耕地土壤黏结力生长季变化

玉米、谷子、大豆和土豆四种作物农耕地土壤黏结力生长季变化如图 4-2 所示。可以明显看出，在作物生长季四种作物农耕地土壤黏结力呈现出显著增加的趋势（$p<0.05$）（表 4-3），四种作物地土壤黏结力的平均值显著性差异不明

显（表4-4）。玉米地、谷子地、大豆地和土豆地土壤黏结力的变化范围在实验期间依次为1.08～13.43kPa、1.08～13.58kPa、1.08～14.13kPa和1.08～13.03kPa。其中，土壤黏结力平均值最大的是大豆地，其平均值为9.48kPa±3.97kPa；其次是谷子地，平均值为9.38kPa±3.73kPa；玉米地和土豆地的土壤黏结力平均值相对较小，分别为8.48kPa±3.93kPa和8.20kPa±4.2kPa。四种作物地土壤黏结力为中度变异性，变异系数介于0.44和0.54之间。

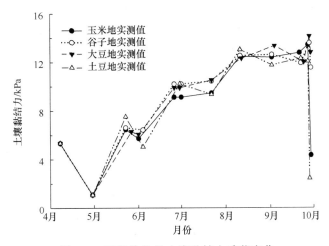

图4-2 四种作物地土壤黏结力季节变化

表4-3 四种作物地土壤黏结力季节变化 Kendall's W 显著性检验

作物地	Kendall's W	显著性水平（p）
玉米地	0.898	0.000**
谷子地	0.904	0.000**
大豆地	0.881	0.000**
土豆地	0.873	0.000**

**p< 0.01（双尾）。

在作物生长季，耕作、根系生长、雨滴击打和干湿循环等多种因素的影响，可能导致近地表层土壤黏结力发生生长季变化。具体来讲，在4月中旬，四种作物地土壤黏结力相对较小，受农事活动播种的影响，玉米地、谷子地、大豆地的土壤黏结力迅速由5.33kPa下降到1.08kPa，下降幅度为79.7%，土豆地的下降幅度为33.1%。这可能与播种方式有很大的关系，玉米地、谷子地和大豆地为播种机播种，土豆地为手工锄播种。此后，在雨滴击打和土体本身重力的作用下近地表层的土壤变得逐渐紧实，土壤黏结力日渐增加。在5月底，土豆地、谷子地、玉米地和大豆地的土壤黏结力分别增加到 7.53kPa、6.62kPa、6.47kPa 和 6.29kPa。在 6 月初,农事活动锄草导致玉米地、谷子地和大豆地的土壤黏结力分别降低了 11.6%、2.6%和 3%。7 月初的第二次农事活动锄草对土壤黏结力的影响相对较小,下降的幅度均不超过 1%。此后,随着雨季的到来,作物根重密度和盖度增加,四种作物地土壤黏结力呈增加趋势,大豆地、谷子地、玉米地和土豆地的土壤黏结力均在 9 月底达到最大值,依次为 14.13kPa、13.58kPa、13.43kPa 和 12.31kPa。农事活动收获对土壤黏结力也有显著的影响,导致土豆地、玉米地、谷子地和大豆地的土壤黏结力分别下降了 79.9%、67.8%、15%和 9.3%。农事活动对土壤干扰程度的强弱是影响土壤黏结力大小的关键因素,通常随着四种作物类型和时间的变化而改变。

表 4-4 给出了四种作物地土壤黏结力差异配对样本 T 检验的结果。其中 p 值均大于 0.05,这表明在 $\alpha = 0.05$ 显著性水平上四种作物地土壤黏结力随时间变化没有显著性差异,在某种程度上也说明四种作物地近地表层土壤的抗侵蚀能力具有一定的相似性。比较图 4-2 和图 4-1 可以看出,四种作物地土壤黏结力和土壤容重的变化趋势具有某种相似性,土壤容重的减少,对应着土壤黏结力的减少;反之,亦然。对四种作物地的土壤黏结力与土壤容重进行统计学 Spearman 相关分析,相关系数介于 0.55 和 0.9 之间,显著性水平 p 值除了大豆地之外均小于 0.01,说明玉米地、谷子地和土豆地土壤容重和土壤黏结力间相关关系显著。这可理解为土壤容重是土壤紧实度的指标之一,土壤紧实度低则土壤黏结力较小,土壤紧实度高则土壤黏结力较大(Bullock et al., 1988)。

表 4-4 四种作物地土壤黏结力差异配对样本 T 检验

作物地	玉米地	谷子地	大豆地	土豆地
玉米地	1.00	—	—	—
谷子地	0.16[ns]	1.00	—	—
大豆地	0.18[ns]	0.53[ns]	1.00	—
土豆地	0.56[ns]	0.38[ns]	0.40[ns]	1.00

ns 表示无显著性差异。

4.1.3 农耕地土壤初始含水量生长季变化

图 4-3 给出了玉米地、谷子地、大豆地和土豆地土壤初始含水量生长季的变化情况。可以明显看出,生长季四种作物地土壤初始含水量呈上升的变化趋势($p < 0.05$)(表 4-5)。玉米地、谷子地、大豆地和土豆地生长季土壤初始含

水量的变化范围依次为 5.29%～21.37%、4.53%～19.19%、5.43%～19.35%和 4.73%～20.89%，其中，大豆地土壤初始含水量的平均值最大，为 12.59%；其次是玉米地，为 12.22%；土豆地和谷子地的土壤初始含水量相对较小，分别为 11.86%和 11.12%。从 4 月初到 9 月下旬，土壤初始含水量出现了 3 个峰值和 2 个谷值。从图 4-3 中可以看出，3 个峰值阶段均出现在降水之后，而土壤初始含水量的谷值则与相应时间段的干旱期对应。这表明该地区四种作物地近地表层土壤初始含水量生长季的变化受降水的影响较为显著，土壤初始含水量变化趋势与降水变化趋势基本上同步，苏敏等（1996）和 Coronato 等（1996）的研究结果也证明了这一观点。近地表层土壤初始含水量干湿交替的变化，可能会引起近地表层土壤出现较大的缝隙，从而影响土壤的抗侵蚀能力，进而导致土壤侵蚀强度的增大（Kemper et al.，1985）。

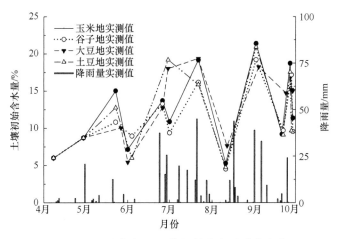

图 4-3　四种作物地土壤初始含水量季节变化

表 4-5　四种作物地土壤初始含水量季节变化 Kendall's W 显著性检验

作物地	Kendall's W	显著性水平（p）
玉米地	0.937	0.000**
谷子地	0.825	0.000**
大豆地	0.93	0.000**
土豆地	0.909	0.000**

**$p<0.01$（双尾）；*$p<0.05$（双尾）。

玉米地、谷子地、大豆地和土豆地土壤初始含水量的变异系数介于 0.43 和 0.49 之间，大于 0.1 小于 1，属于中等变异性。表 4-6 给出了四种作物地土壤初始含水量差异配对样本T检验的 p 值。可以看出，土豆地和玉米地、谷子地和大豆地之间的 p 值均小于 0.05，表明在 α=0.05 显著性水平上，土豆地与玉米地、谷子地和大豆地之间的变化趋势存在显著性差异，而其他作物地配对的 p 值大于 0.05，表明这些作物地的土壤初始含水量随生长季变化的趋势无显著性差异。四种作物地近地表层土壤初始含水量总体上呈现出相似的生长季变化趋势，但均值、变异系数和差异配对样本T检验结果都表现出一定差异性。其中，土豆地和其他三种作物地之间生长季变化趋势具有显著性差异，玉米地平均土壤初始含水量是谷子地平均土壤初始含水量的112%，这可能与植被盖度、根重密度和蒸散强度等因素有密切的关系（傅伯杰等，1999）。

表 4-6　四种作物地土壤初始含水量差异配对样本 T 检验

作物地	玉米地	谷子地	大豆地	土豆地
玉米地	1.00	—	—	—
谷子地	0.17[ns]	1.00	—	—
大豆地	0.18[ns]	0.80[ns]	1.00	—
土豆地	0.03*	0.02*	0.01*	1.00

*p < 0.05（双尾）；ns 表示无显著性差异。

4.1.4　农耕地土壤水稳性团聚体生长季变化

玉米地、谷子地、大豆地和土豆地土壤水稳性团聚体生长季的变化状况如图 4-4 所示。可以明显看出，四种作物地土壤水稳性团聚体整体上呈增加的季节变化趋势（p= 0.084，0.103，0.306，0.887）（表 4-7），玉米地、谷子地和大豆地增加尤为明显。播种初期四种作物地的土壤水稳性团聚体基本相同，随时间都是单调递增趋势，与 Mulla 等（1992）的研究成果相同。土壤水稳性团聚体通过其物理、化学及生物的胶结作用提高土壤抗侵蚀的能力。四种作物地土壤水稳性团聚体随作物生长呈上升趋势表明，随着作物的生长，作物地土壤的抗侵蚀能力呈增强趋势。然而，土壤水稳性团聚体随时间增加的幅度与作物的类型有着密切的关系。在作物生长季，玉米地、谷子地、大豆地和土豆地土壤水稳性团聚体的变化范围依次为 16.2%～111.2%、7.2%～56.1%、20.3%～58.2% 和 1.1%～8.9%，玉米地土壤水稳性团聚体的增加幅度最大，平均增加幅度为 56.7%；其次是大豆地和谷子地，分别为 40.7% 和 39.7%；土豆地的增幅最小，平均增加幅度为 4.3%。四种作物地土壤水稳性团聚体的平均值从大到小依次为玉米地、大豆地、谷子地和土豆地，分别为 21.9%、19.8%、19.8% 和 15.4%。

玉米地、谷子地和大豆地三种作物地土壤水稳性团聚体的变异系数分别为 0.27、0.19 和 0.17，介于 0.1 和 1 之间，为中等变异性；而土豆地土壤水稳性团聚体的变异系数只有 0.03，为弱变异性。

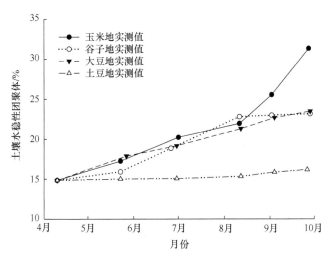

图 4-4　四种作物地土壤水稳性团聚体季节变化

表 4-7　四种作物地土壤水稳性团聚体季节变化 Kendall's W 显著性检验

作物地	Kendall's W	显著性水平（p）
玉米地	0.971	0.084^{ns}
谷子地	0.914	0.103^{ns}
大豆地	0.6	0.306^{ns}
土豆地	0.171	0.887^{ns}

ns 表示无显著性差异。

由表 4-7 可知，玉米地、谷子地、大豆地和土豆地土壤水稳性团聚体的显著性水平 p 值都大于 0.05，这说明它们之间的土壤水稳性团聚体生长季变化趋势无显著性差异。总体而言，玉米地、谷子地和大豆地三种作物地土壤水稳性团聚体生长季变化差异较小，而土豆地和玉米地、谷子地和大豆地土壤水稳性团聚体差异性显著（表 4-8）。这可能是土豆地植被盖度较为稀疏，单位面积上积累的有机物相对较少，土壤水稳性团聚体含量积累较少所致（Lebissonnais，1996）。此外，原本土壤水稳性团聚体含量较低的土豆地，由于植被盖度相对较低，裸露的地表受到更多的雨滴击打，土壤水稳性团聚体更容易遭到破坏（Aldurrah et al., 1982）。

表 4-8 四种作物地土壤水稳性团聚体差异配对样本 T 检验

作物地	玉米地	谷子地	大豆地	土豆地
玉米地	1.00	—	—	—
谷子地	0.04*	1.00	—	—
大豆地	0.74 ns	0.19 ns	1.00	—
土豆地	0.88 ns	0.88 ns	0.83 ns	1.00

*$p<0.05$（双尾）；ns 表示无显著性差异。

4.2 退耕草地土壤性质季节变化

4.2.1 退耕草地土壤固结力生长季变化

土壤分离能力生长季的变化通常受到土壤固结力的影响，主要反映在整个草地生长季土壤黏结力和容重的增加（图 4-5），这会使土壤变硬，并且难以被坡面径流侵蚀（Yu et al., 2014；Zhang et al., 2009），从而导致土壤分离能力的降低。一般情况下，土壤黏结力较大时，土壤颗粒之间往往会变得比较紧实，土壤抵抗坡面径流分离的能力较强，难以被坡面径流冲刷，土壤分离能力相对较小；反之，土壤抵抗分离的能力较弱，土壤的分离能力较强。在整个生长季，赖草地土壤黏结力大致表现为先增加后降低的变化趋势［图 4-5（a）］，在 10.51～14.33kPa 波动变化，平均值为 12.59kPa，最大值出现在 8 月中旬种子散落初期，最小值出现在 4 月中旬返青期。紫花苜蓿地从 4 月中旬返青期到 9 月底种子成熟末期，土壤黏结力增加趋势明显［图 4-5（a）］，变化范围为 9.78～16.74kPa，平均值为 13.7kPa，最大值出现在 9 月底种子成熟末期，最小值出现在 4 月中旬返青期，变异系数为 71.2%，属于中等变异性。在整个草地生长季，受雨滴击打、草被盖度、土壤结皮发育、根系生长和土壤生物活动等综合因素的影响，近地表层的土壤属性和结构发生明显的变化，这可能会影响土壤的黏结程度，从而引起土壤分离能力发生改变。

在整个生长季，冰草地和柳枝稷地土壤黏结力大致呈增加的变化趋势［图 4-5（c）］，分别在 10.25～14.37kPa 和 12.21～14.54kPa 波动，平均值分别为 12.82kPa 和 13.46kPa。冰草地土壤黏结力最大值出现在 7 月中旬孕穗期，柳枝稷地土壤黏结力最大值出现在 8 月上旬开花结果期，最小值均出现在 4 月中旬返青期。冰草地和柳枝稷地土壤黏结力的变异系数依次为 12% 和 6%，均属于弱变异性（Imeson et al., 1990）。在整个生长季，土壤结皮的发育、土壤生物的活动和草地根系的生长等可能是近地表层土壤属性和结构发生改变的主要原因，这可能会影响到土壤的黏结程度，从而引起土壤分离能力发生改变。

土壤容重对土壤分离能力具有重要的影响，两者之间呈负相关关系（Yu et al.，2014；Zhang et al.，2013，2009）。一般而言，土壤容重较大时，近地表层的土壤往往比较紧实，土壤孔隙度相对较小，径流冲刷需要克服较大的阻力，土壤才能够被分离，此时所导致的土壤分离能力较小。反之，土壤容重较小时，近地表层土壤通常比较疏松，或者存在裂隙，土壤容易被径流分离，此时所导致的土壤分离能力则较大。本书中，在整个生长季冰草地土壤容重表现为先增加后降低的变化趋势［图 4-5（d）］，在 1.04～1.19g/cm³ 波动变化，平均值为 1.11g/cm³，最大值出现在 8 月上旬开花期，最小值出现在 4 月中旬返青期。柳枝稷地从 4 月中旬返青期到 9 月底种子成熟末期，土壤容重呈增加趋势［图 4-5（d）］，在 1.12～1.17g/cm³ 波动，平均值为 1.15g/cm³，最大值出现在 9 月底种子成熟末期，最小值出现在 4 月中旬返青期，变异系数为 4.5%，属于弱变异性（Imeson et al.，1990）。

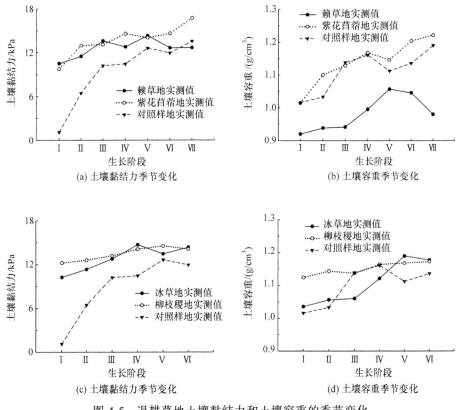

图 4-5 退耕草地土壤黏结力和土壤容重的季节变化

4.2.2 退耕草地土壤水稳性团聚体生长季变化

土壤水稳性团聚体是表征土壤侵蚀阻力大小的一个重要指标（Dashtaki et al., 2009; Govers et al., 1990; Coote et al., 1988）。在整个生长季，赖草地和紫花苜蓿地土壤水稳性团聚体（≥0.25mm）呈增加趋势，赖草地土壤水稳性团聚体增加了22%左右，增加较为明显[图4-6（a）]。在草地生长季，草地土壤水稳性团聚体的增加可能增强土壤抗侵蚀能力，从而可能造成土壤分离能力在生长季发生变化。这主要是因为大颗粒的土壤水稳性团聚体的形成有利于增加土壤的抗侵蚀阻力，土壤变得难以被分离。在整个生长季，冰草地和柳枝稷地土壤水稳性团聚体分别增加了13%和22%，增加趋势明显[图4-6（b）]。草地土壤水稳性团聚体在生长季的增加有利于大颗粒土壤水稳性团聚体的形成，这会增强土壤抵抗径流冲刷的能力，变得难以被分离，从而导致生长季土壤分离能力较小。

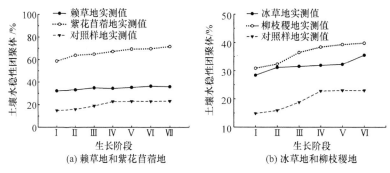

图4-6 退耕草地土壤水稳性团聚体的季节变化

4.3 本章小结

（1）在作物生长季内，玉米地、谷子地、大豆地和土豆地实验期的土壤容重和土壤黏结力均表现为波动上升的变化趋势（$p<0.05$）；四种作物地土壤初始含水量总体上呈上升的季节变化趋势（$p<0.05$），大豆地土壤初始含水量的平均值最大，其次是玉米地，土豆地和谷子地则相对较小；四种作物地土壤水稳性团聚体在整个生长季总体上呈增加的变化趋势（$p>0.05$），其中，玉米地（增幅111.2%）、谷子地（增幅58%）和大豆地（增幅59%）增加趋势明显，土豆地（增幅8.9%）的增加幅度最小。导致上述土壤理化性状变化的原因可能是雨滴击打、农事活动、根系生长和干湿循环等。

（2）在整个退耕草地生长季，赖草地的土壤黏结力大致呈先增加后降低的变化趋势，在10.51~14.33kPa波动变化，平均值为12.59kPa。紫花苜蓿地土壤黏结力呈增加趋势，在 9.78～16.74kPa 波动变化，平均值为 13.7kPa。冰草地和柳枝稷地的土壤黏结力也大致呈增加的变化趋势，分别在 10.25～14.37kPa 和 12.21～14.54kPa 波动变化，平均值分别为 12.82kPa 和 13.46kPa。冰草地的土壤容重大致呈先增加后降低的变化趋势，在 1.04～1.19g/cm³ 波动，平均值为 1.11g/cm³。柳枝稷地土壤容重大致也呈增加趋势，在 1.12～1.17g/cm³ 波动变化，平均值为 1.15g/cm³。赖草地和紫花苜蓿地的土壤水稳性团聚体呈增加趋势，其中，赖草地土壤水稳性团聚体（增幅22%）增加较为明显。冰草地和柳枝稷地的水稳性团聚体也呈增加趋势，增加的幅度分别为 13%和 22%。

参 考 文 献

傅伯杰, 王军, 1999. 黄土丘陵区土地利用对土壤水分的影响[J]. 中国科学基金, (4): 225-227.

苏敏, 卢宗凡, 李够霞, 1996. 陕北丘陵沟壑区主要农作物水分利用与平衡[J]. 水土保持研究, 3(2): 36-45.

于法展, 李保杰, 尤海梅, 等, 2007. 徐州泉山自然保护区人工林下土壤容重与孔隙度时空变化研究[J]. 水土保持研究, 14(6): 162-164.

ALDURRAH M M, BRADFORD J M, 1982. The mechanism of raindrop splash on soil surfaces [J]. Soil Science Society of America Journal, 46(5): 1086-1090.

ALLETTO L, COQUET Y, 2009. Temporal and spatial variability of soil bulk density and near-saturated hydraulic conductivity under two contrasted tillage management systems[J]. Geoderma, 152(1-2): 85-94.

AN S S, FRÉDÉRIC D, CHENG M, 2013. Revegetation as an efficient means of increasing soil aggregate stability on the Loess Plateau (China)[J]. Geoderma, 209-210: 75-85.

BENNETT S J, ROBINSON K M, KADAVY K C, 2000. Characteristics of actively eroding ephemeral gullies in an experimental channel [J]. Transactions of the American Society of Agricultural Engineers, 43(3): 641-649.

BULLOCK M S, NELSON S D, KEMPER W D, 1988. Soil cohesion as affected by freezing, water content, time and tillage [J]. Soil Science Society of America Journal, 52(3): 770-776.

COOTE D R, MALCOLMMCGOVERN C A, WALL G J, et al., 1988. Seasonal variation of erodibility indices based on shear strength and aggregate stability in some ontario soils [J]. Canadian Journal of Soil Science, 68(2): 405-416.

CORONATO F R, BERTILLER M B, 1996. Precipitation and landscape related effects on soil moisture in semi-arid rangelands of Patagonia [J]. Journal of Arid Environments, 34(1): 1-9.

DASHTAKI S G, HOMAEE M, MAHDIAN M H, et al., 2009. Site-dependence performance of infiltration models[J]. Water Resources Management, 23(13): 2777-2790.

DE BAETS S D, POESEN J, 2010. Empirical models for predicting the erosion-reducing effects of plant roots during concentrated flow erosion [J]. Geomorphology, 118(3-4): 425-432.

DE BAETS S, POESEN J, GYSSELS G, et al., 2006. Effects of grass roots on the erodibility of topsoils during concentrated flow [J]. Geomorphology, 76(1): 54-67.

GOVERS G, EVERAERT W, Poesen J, et al., 1990. A long flume study of the dynamic factors affecting the resistance of a loamy soil to concentrated flow erosion[J]. Earth Surface Processes & Landforms, 15(4): 313-328.

GYSSELS G, POESEN J, Liu G, et al., 2006. Effects of cereal roots on detachment rates of single- and double-drilled topsoils during concentrated flow[J]. European Journal of Soil Science, 57(3): 381-391.

IMESON A C, KWAAD F J P M, BOARDMAN J, et al., 1990. The response of tilled soils to wetting by rainfall and the dynamic character of soil erodibility[M]. Hoboken: John Wiley and Sons Ltd.

KEMPER W D, TROUT T J, BROWN M J, et al., 1985. Furrow erosion and water and soil management[J]. Transactions of the American Society of Agricultural Engineers (USA), 28(5): 1564-1572.

KNAPEN A, POESEN J, DE BAETS S D, 2007. Seasonal variations in soil erosion resistance during concentrated flow for a loess-derived soil under two contrasting tillage practices [J]. Soil & Tillage Research, 94(2): 425-440.

LEBISSONNAIS Y, 1996. Aggregate stability and assessment of soil crustability and erodibility . 1. theory and methodology[J]. European Journal of Soil Science, 47(4): 425-437.

LIU Y, FU B J, LÜ Y H, et al., 2012. Hydrological responses and soil erosion potential of abandoned cropland in the Loess Plateau, China[J]. Geomorphology, 138(1): 404-414.

LI Y Y, SHAO M A, 2006. Change of soil physical properties under long-term natural vegetation restoration in the Loess Plateau of China[J]. Journal of Arid Environments, 64(1): 77-96.

MAMO M, BUBENZER G D, 2001a. Detachment rate, soil erodibility, and soil strength as influenced by living plant roots, part i: laboratory study[J]. Transactions of the American Society of Agricultural Engineers, 44(5): 1167-1174.

MAMO M, BUBENZER G D, 2001b. Detachment rate, soil erodibility, and soil strength as influenced by living plant roots, part ii: field study[J]. Transactions of the American Society of Agricultural Engineers, 44(5): 1175-1181.

MULLA D J, HUYCK L M, REGANOLD J P, 1992. Temporal variation in aggregate stability on conventional and alternative farms[J]. Soil Science Society of America Journal, 56(5): 1620-1624.

SELMA Y K, 2014. Effects of afforestation on soil organic carbon and other soil properties [J]. Catena, 123(123): 62-69.

WANG Y, FU B J, LÜ Y H, et al., 2011. Effects of vegetation restoration on soil organic carbon sequestration at multiple scales in semi-arid Loess Plateau, China [J]. Catena, 85(1): 58-66.

XU M, ZHANG J, LIU G B, et al., 2014. Soil properties in natural grassland, caragana korshinskii planted shrubland, and robinia pseudoacacia planted forest in gullies on the hilly Loess Plateau, China[J]. Catena, 119: 116-124.

YU Y C, ZHANG G H, GENG R, et al., 2014. Temporal variation in soil detachment capacity by overland flow under four typical crops in the Loess Plateau of China [J]. Biosystems Engineering, 122(3): 139-148.

ZHANG G H, TANG K M, REN Z P, et al., 2013. Impact of grass root mass density on soil detachment capacity by concentrated flow on steep slopes [J]. Transactions of the American Society of Agricultural Engineers, 56(3): 927-934.

ZHANG G H, TANG K M, ZHANG X C, 2009. Temporal variation in soil detachment under different land uses in the Loess Plateau of China[J]. Earth Surface Processes & Landforms, 34(9): 1302-1309.

第 5 章 土壤入渗季节变化特征

黄土高原地区地形破碎，土质疏松，降水集中，植被覆盖率较低，是我国水土流失最为严重的地区之一，也是国家退耕还林还草生态工程建设的重点区域。剧烈的土壤侵蚀造成该区大规模的土地退化和土地生产力下降（鄂竟平，2008），并进一步威胁黄土高原地区的生态系统安全和人地系统的可持续发展（Fu，2010；Kheir et al.，2006）。近年来，随着黄土高原地区人口数量的增加，该区农耕地水土保持和水资源的有效利用问题引起了社会各界的广泛关注。土壤入渗是降水通过近地表层进入土壤体的过程，它控制着近地表层径流量的大小及其空间分布（Kheir et al.，2006），进而影响近地表层的土壤侵蚀过程。因此，研究黄土高原地区土壤入渗问题，对于该区水土保持和有限水资源的有效配置具有重要意义。

入渗过程是土壤水文循环过程重要组成部分之一（Parchami-Araghi et al.，2013；Kheir et al.，2006）。土壤稳定入渗率是表征土壤入渗的重要参数之一，它的准确预测和模拟对于坡面土壤物理、土壤侵蚀和水文循环过程等领域具有重要意义。它通常受到近地表层土壤属性的影响。土壤类型、土壤结构、土壤孔隙度（王梦军等，2008；王鹏程等，2007；王国梁等，2003）、土壤容重（李卓等，2009；王国梁等，2003）、土壤初始含水量、土壤饱和导水率、植被类型（张健等，2008；勃海峰等，2007）、植被根系（McCully et al.，2010；Zhou et al.，2007；Pikul et al.，2003；Wu et al.，2000；李勇等，1992）和土壤结皮发育（张侃侃等，2011；李莉等，2010）等都是影响土壤稳定入渗率变化的重要因素。受气候条件、农事活动、作物根系生长、盖度增加等因素的综合影响，黄土高原地区农耕地土壤属性生长季变化明显，这可能导致土壤稳定入渗率的季节变化。然而，目前对于黄土高原地区典型农耕地和退耕草地土壤稳定入渗率生长季变化特征及其影响因素的研究还鲜见报道。

5.1 典型农耕地土壤稳定入渗率季节变化

5.1.1 典型农耕地土壤稳定入渗率季节变化特征

在黄土高原地区典型农耕地作物生长季，谷子地、大豆地和土豆地的土壤稳定入渗率具有显著的生长季变化特征（表 5-1）（$p<0.05$），三种作物地土壤稳定入渗率生长季的变化趋势存在差异（图 5-1）。谷子地、大豆地和土豆地的土壤稳定入渗率分别表现为先增加后降低再增加、先增加再降低和一直增加的变化趋势。三种作物地与对照样地（裸地）的土壤稳定入渗率具有统计学显著性差异（$p<0.05$）。它们的土壤稳定入渗率最大值从 1.63mm/min 变化到 2.83mm/min，最小值均为 0.89mm/min（农事活动前为同一样地），平均值为 1.36 mm/min。其中，土豆地的平均土壤稳定入渗率最大，其次是大豆地和谷子地。另外，三种作物地土壤稳定入渗率的标准差和变异系数与作物类型有着密切的关系（表5-2），土豆地土壤稳定入渗率的标准差和变异系数最大，其次是大豆地和谷子地。具体来讲，在 4 月中旬，谷子地的土壤稳定入渗率相对较小，农事活动播种使谷子地的土壤稳定入渗率从 0.89mm/min 明显增加到 1.41mm/min（$p<0.05$）。此后，随着谷子的生长，谷子地的土壤稳定入渗率逐渐增加，在 8 月上旬达到最大值 1.63mm/min，8 月下旬略有下降，9 月下旬又升高到 1.51mm/min。大豆地和土豆地的土壤稳定入渗率，从 5 月上旬到 8 月上旬也呈增加趋势，大豆地土壤稳定入渗率在 8 月中下旬达到最大值 1.89mm/min，而后略有下降。土豆地的土壤稳定入渗率在 9 月中下旬达到最大值 2.83mm/min。土豆生长后期，根系生长趋于稳定，土壤稳定入渗率之所以继续增大，可能与土豆块茎生长导致的地表裂隙有关。在作物生长季，对照样地（裸地）的土壤稳定入渗率随着土壤容重的增加和土壤孔隙度的变小总体呈下降趋势。

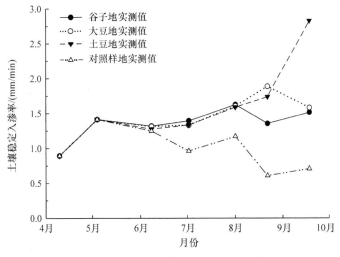

图 5-1 典型农耕地土壤稳定入渗率季节变化

表 5-1 典型农耕地土壤稳定入渗率（$\ln^{SIR}$）时间变化的显著性检验

日期	作物地稳定入渗率			
	谷子地	大豆地	土豆地	对照样地
04-10	0.89	0.89	0.89	0.89
05-04	1.41	1.41	1.41	1.41
06-08	1.32	1.31	1.27	1.25
07-02	1.39	1.33	1.33	0.96
08-01	1.63	1.60	1.59	1.17
08-22	1.35	1.89	1.74	0.61
09-18	1.51	1.58	2.83	0.71
Sig.	0.001**	0.016*	0.011*	0.110 ns

注：单变量方差分析，*$p<0.05$；** $p<0.01$；ns 表示无显著性差异。

表 5-2 典型农耕地和对照样地（裸地）土壤稳定入渗率统计属性

样地类型	最大值/（mm/min）	最小值/（mm/min）	平均值/（mm/min）	标准差	变异系数
谷子地	1.63	0.89	1.36	0.23	0.17
大豆地	1.89	0.89	1.43	0.31	0.22
土豆地	2.83	0.89	1.58	0.61	0.39
对照样地	1.24	0.89	1.00	0.29	0.29

5.1.2 典型农耕地土壤稳定入渗率季节变化影响因素

在黄土高原地区，农事活动对典型农耕地土壤稳定入渗率有着重要的影响。播种、锄草等农事活动会使土壤表层变得较为松散，土壤容重变小，土壤孔隙度变大，从而导致土壤稳定入渗率增加。具体来讲，播种使农耕地土壤容重减小19.6%，土壤孔隙度增大 5.7%，土壤稳定入渗率增大 160.0%，并在 $\alpha = 0.05$ 水平上达到显著性差异。锄草导致谷子地和大豆地土壤容重分别减小 11.2%和 2.0%，土壤孔隙度分别增加 2.0%和 1.0%，土壤稳定入渗率均增加了 27.0%左右。

土壤孔隙度是影响土壤稳定入渗率的重要因素之一，土壤稳定入渗率与土壤孔隙度间呈正相关（王鹏程等，2007；勃海峰等，2007；王国梁等，2003）。在黄土高原地区作物生长季，谷子地、大豆地和土豆地的土壤孔隙度呈增加趋势，三种作物地土壤孔隙度增加的幅度分别为 2.2%~6.8%、1.0%~6.6%和 1.0%~3.3%，分别平均增加了 4.2%、4.1%和 2.2%，对照样地的土壤孔隙度随着容重的增加呈下降趋势，下降幅度为 1.4%~5.5%，平均下降 2.5%。总体而言，三种作物地和对照样地（裸地）的土壤稳定入渗率与土壤孔隙度呈正相关关系（图 5-2），这可能与作物根系生长增加了土壤中的生物性根孔数量有关。

这些增加的生物性大孔具有较好的连通性和较大的孔隙直径，有些大孔中还会形成优势流，从而加快水分在土壤中的运移速度（Martens，2002；Devitt et al.，2002；Hawes et al.，2000）。这一研究结果与王国梁（2003）、王鹏程（2007）、勃海峰（2007）等的研究较为一致。

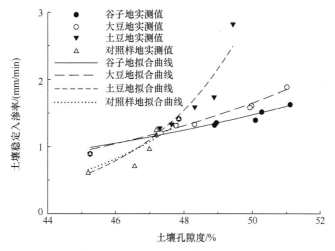

图 5-2　农耕地土壤稳定入渗率与土壤孔隙度关系

土壤稳定入渗率也受到土壤容重的影响。一般情况下，土壤稳定入渗率与土壤容重呈负相关关系（李卓等，2009；勃海峰等，2007；王国梁等，2003）。在黄土高原地区作物生长季，4 月初，由于农事活动种植的影响，三种作物地的土壤容重下降较大，达到生长季中的最小值。随后，在降水和土体自身沉降等因素的影响下，三种作物地的土壤容重均呈增加趋势，谷子地、大豆地和土豆地的土壤容重分别增加了 14.2%、3.6%和 1.8%。6 月份以后，受除草农事活动的影响，三种作物地的土壤容重有所下降。此后，三种作物地的土壤容重再次呈增加趋势，增加的幅度也随作物类型的不同而存在差异。7 月下旬以后，三种作物地土壤容重的变化趋势变得较为混乱，但整体上仍然呈增加趋势，这可能与土壤结皮的发育和土壤的硬化过程有关。一般而言，土壤容重的增加，会使土壤孔隙度变小，进而导致土壤稳定入渗率下降。总体而言，黄土高原地区典型农耕地的土壤稳定入渗率与土壤容重呈指数负相关关系（图 5-3），与王国梁等（2003）、李卓等（2009）和勃海峰等（2007）的研究结果相同。

在作物生长季，根系的生长对作物地土壤稳定入渗率生长季的变化也有重要的影响。谷子、大豆和土豆根系在生长季呈先增加后趋于稳定的生长趋势。从 6 月上旬到 9 月下旬，三种作物根重密度的增加幅度分别为 45.1%~63.4%、8.7%~108.8%和 4.0%~182.1%，平均增加 52.2%、71.4%和 98.5%。与之相应的三种作物地土壤稳定入渗率的增加幅度分别为 3.0%~23.9%、1.5%~75.99%和 4.8%~122.5%，平均增加 12.1%、30.2%和 47.3%。由此可以看出，三种作物地土壤稳定入渗率随着作物根重密度的增加而增加。统计分析表明三种作物地土壤稳定入渗率与根重密度呈正相关关系（图 5-4），这可能是与作物根系在生长过程中释放了大量的有机和无机分泌物，改变了土壤理化性质和形成了根孔通道有关。这些根孔通道具有较好的连通性和较大的孔隙直径，有些大孔中还会形成优势流，加快水分在土壤中的运移速度，进而改变土壤入渗状况（Martens，2002；Martha et al.，2000；Devitt et al.，2002；Hawes et al.，2000；McCully et al.，1997）。这一研究结果与 Zhou 等（2007）的研究结果相似。另

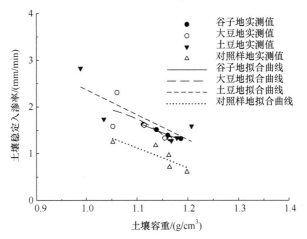

图 5-3 农耕地土壤稳定入渗率与土壤容重关系

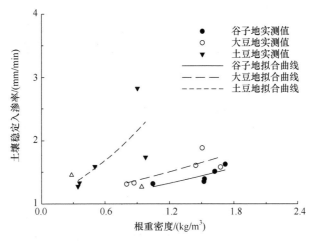

图 5-4 农耕地土壤稳定入渗率与根重密度关系

外，需要说明的是，在土豆生长后期，土豆根系生长趋于稳定，该作物地的土壤稳定入渗率继续增大可能由土豆块茎生长导致的地表裂隙所致。

上述分析表明，黄土高原地区典型农耕地土壤稳定入渗率生长季的变化，主要受农事活动、土壤容重、土壤孔隙度和作物根系生长的影响。

5.2 退耕草地土壤稳定入渗率季节变化

黄土高原地区土壤质地疏松，降水主要集中于6月～9月，植被覆盖率较低，土壤侵蚀较为严重（莫保儒等，2014；胡琳等，2014），是国家退耕还林还草生态工程建设的重点区域之一。剧烈的土壤侵蚀加速了河道泥沙的淤积，并潜在地威胁着黄河流域的生态安全和人地系统的可持续发展（Fu，2010；Kheir et al.，2006；Shi et al.，2000；唐克丽等，1998）。近年来，随着黄土高原地区退耕还林还草工作的实施，水土保持效益和有限水资源的有效利用问题引起了社会各界和学术界的广泛重视。在陆地生态系统中，降水入渗是地表水文循环过程的一个重要环节。作为一个重要的水文参数，土壤入渗决定着近地表层土壤蓄水量、地表径流量及其空间分布（Moore et al.，2015；陈永宝等，2014），进而影响近地表层的土壤侵蚀过程。因此，研究黄土高原地区土壤入渗问题，对该区的水土资源配置和生态环境建设具有重要意义。

入渗过程是土壤水文循环过程的重要组成部分（Parchami-Araghi et al.，2013；Lassabatere et al.，2011）。土壤稳定入渗率是表征土壤入渗性能的重要参数之一，它的准确测量和模拟对近地表层土壤侵蚀过程控制和土壤水文循环过程有着重要意义。以往的研究显示，土壤稳定入渗率通常受到降水强度和土壤属性（如土壤结构、土壤容重、土壤初始含水量、土壤孔隙度、土壤饱和导水率等）的影响（张侃侃等，2011；李莉等，2010；李卓等，2009；王梦军等，2008；王鹏程等，2007；Abu-Hamdeh et al.，2006；王国梁等，2003）。

在黄土高原地区，以退耕还林还草为主要手段的自然和人工的植被恢复已经广泛应用于退化了的生态系统。人工植被的恢复加速了生态系统的正向演替，降低了土壤容重，增加了土壤有机质的含量和土壤的稳定性（Jiao et al.，2011；An et al.，2009；Li et al.，2006），并缩短了生态系统达到稳定阶段的时间（Jiao et al.，2007）。但是，以退耕还林还草为主要手段的人工植被恢复也带来了一些负面效应。例如，出现小老头树（植被生长明显受到限制），土壤形成干层（Wang et al.，2010），土地质量退化等。针对上述问题，在黄土高原地区植被恢复过程中，查明土壤入渗的动态变化规律及其驱动机制是非常必要的，可以为该区的生态环境建设提供数据支撑和参考依据。目前，关于黄土高原地区自然植被恢复过程中土壤入渗的时间尺度变化机制研究还少见报道。以往的研究表明，土壤入渗通常受到土壤容重、土壤有机质、土壤水稳性团聚体和土壤结皮发育等因素的影响（Lado et al., 2004a, 2004b; Franzluebbers, 2002; Agassi et al., 1985, 1981），对土壤入渗动态变化机制的研究还相对较少。在黄土高原地区植被恢复过程中，受人工和自然植被恢复的影响，土壤属性在时间尺度上发生了较为明显的变化（Li et al., 2006; Angers et al., 1998），这种变化如何影响土壤稳定入渗率的变化尚不清楚。因此，在黄土高原地区人工和自然植被恢复条件下，开展各种退耕还林还草植被类型土壤稳定入渗率动态变化机制的研究是非常必要的。

本书以黄土高原地区人工植被恢复过程中赖草地（退耕3年草地）和紫花苜蓿地（退耕17年草地）为研究对象，以裸地为对照样地，采用经典的土壤稳定入渗率测定方法双环入渗法，系统测定了黄土高原地区退耕草地土壤稳定入渗率生长季的变化特征，同时测定土壤容重、土壤初始含水量、土壤毛管孔隙度和土壤总孔隙度等土壤属性生长季的变化，分析土壤属性生长季内动态变化对土壤稳定入渗率变化的影响。

5.2.1 退耕草地土壤属性季节变化特征

1. 土壤初始含水量季节变化特征

在整个生长季内，赖草地的土壤初始含水量呈现出升高–降低–升高–降低的变化趋势［图5-5（a）］，生长季内出现了2个高值和2个低值，在7.25%～18.32%波动变化，平均值为11.3%，最大值出现在9月上旬种子散落高峰期，最小值出现在9月下旬种子散落末期。从4月中旬返青期到种子成熟末期，紫花苜蓿地土壤初始含水量出现了2个高值和3个低值［图5-5(a)］，在6.55%～17.82%波动变化，平均值为12.56%，最大值出现在6月中旬现蕾期，最小值出现在5月下旬旁枝形成期。统计结果表明，赖草地和紫花苜蓿地土壤初始含水量生长季的变化在$\alpha = 0.05$水平上具有显著性统计学差异。

2. 土壤容重季节变化特征

由图5-5（b）可以看出，在整个生长季中，赖草地的土壤容重大致呈"M"型的变化趋势，出现了2个高值和1个低值，在0.94～1.06g/cm³波动变化，平均值为1.01g/cm³，最大值出现在9月上旬种子散落高峰期，最小值出现在7月中旬种子成熟期。从4月中旬返青期到9月底种子成熟末期，紫花苜蓿地的土壤容重出现了2个高值和3个低值［图5-5（b）］，在1.1～1.22g/cm³波动变化，平均值为1.15g/cm³，最大值出现在9月上旬种子成熟初期，最小值出现在9月下旬种子成熟末期。统计结果表明，赖草地土壤容重生长季的变化在

$\alpha = 0.05$ 水平上没有统计学显著性差异，紫花苜蓿地土壤容重生长季的变化在 $\alpha = 0.05$ 水平上有统计学显著性差异。

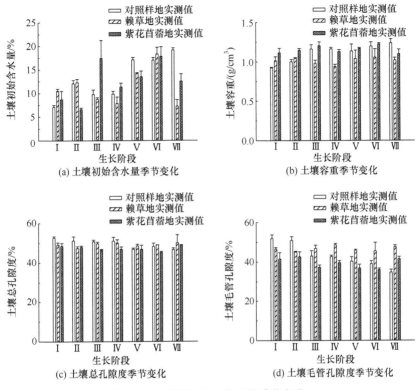

图 5-5　退耕草地土壤属性季节变化

3. 土壤总孔隙度季节变化特征

赖草地和紫花苜蓿地土壤总孔隙度生长季的变化如图 5-5 所示。可以看出，在整个生长季，两种退耕草地土壤总孔隙度分别呈现出了"W"型和先下降后上升的变化趋势，两种草地土壤总孔隙度的变化范围分别为 45.21%～48.85% 和 47.39%～50.19%，平均总孔隙度分别为 47.26% 和 49.16%。赖草地的土壤总孔隙度在 5 月底抽穗期出现最小值，在 7 月中旬种子成熟期出现最大值。紫花苜蓿地的土壤总孔隙度在 9 月上旬种子成熟初期出现最小值，在 9 月底种子成熟末期出现最大值。在整个生长季，裸地的土壤总孔隙度随容重的增加呈下降趋势 [图 5-5（c）]，变化范围为 46.65%～52.67%，平均值为 49.65%。统计分析表明，赖草地土壤总孔隙度在生长季的变化没有显著性差异（$p > 0.05$），紫花苜蓿地土壤总孔隙度在生长季的变化有统计学显著性差异（$p < 0.05$）。

4. 土壤毛管孔隙度季节变化特征

在草地生长季，赖草地土壤毛管孔隙度呈现出下降-上升-下降-上升的显著变化趋势（$p<0.05$）[图 5-5（d）]，变化范围为 45%~48.6%，均值为 46.6%，最小值出现在 5 月底抽穗期，最大值出现在 8 月中旬种子散落初期。紫花苜蓿地土壤毛管孔隙度在生长季表现为先升高后下降、在种子成熟末期又上升的不明显的季节变化趋势（$p>0.05$），变化范围为 35.95%~42.63%，均值为 39.3%，最小值出现在 9 月上旬种子成熟初期，最大值出现在 5 月底旁枝形成期。

5.2.2 退耕草地土壤稳定入渗率季节变化特征

在黄土高原地区赖草和紫花苜蓿生长季，赖草地土壤稳定入渗率在不同的生长阶段具有显著的变化趋势（$p<0.05$），紫花苜蓿地的土壤稳定入渗率无明显季节变化趋势（$p>0.05$），两种退耕草地土壤稳定入渗率生长季的变化趋势存在较大差异（图 5-6）。在整个生长季，赖草地和紫花苜蓿地的土壤稳定入渗率分别呈现出"W"型变化和无明显变化的趋势。赖草地与对照样地（裸地）的土壤稳定入渗率在 $\alpha=0.05$ 水平上具有显著性差异，紫花苜蓿地与对照样地（裸地）的土壤稳定入渗率在 $\alpha=0.05$ 水平上无显著性差异。在草地生长季，赖草地土壤稳定入渗率的变化范围为 1.61~4.53mm/min，此变化范围是对照样地（裸地）土壤稳定入渗率变化范围的 1.72~2.35 倍。在整个生长季，赖草地土壤稳定入渗率的均值为 2.89mm/min，该值为对照样地（裸地）均值的 1.96 倍。紫花苜蓿地土壤稳定入渗率的变化范围为 2.12~2.30mm/min，此变化范围是对照样地（裸地）土壤稳定入渗率变化范围的 1.07~2.63 倍。紫花苜蓿地土壤稳定入渗率的均值为 2.23mm/min，是对照样地均值的 1.52 倍。赖草地的平均土壤稳定入渗率最大，其次是紫花苜蓿地。由此可见，退耕草地的土壤稳定入渗率要大于对照样地（裸地）的土壤稳定入渗率，这说明在黄土高原地区退耕还草有利于增加该区的降水入渗。具体来讲，在 4 月中旬，赖草和紫花苜蓿均处于返青阶段，受冬季冻融解冻的影响，赖草地的土壤较为松散，土壤稳定入渗率相对较高。此后，赖草地的土壤稳定入渗率呈下降趋势，在 5 月底抽穗期下降到最低值 1.61mm/min，然后随着赖草的开花，土壤稳定入渗率呈上升趋势。在 7 月中旬种子成熟期，上升到最大值 4.53mm/min。此后，随着赖草种子的散落，土壤稳定入渗率又呈下降趋势，在 9 月上旬种子散落高峰期，土壤稳定入渗率下降到 1.96mm/min，下降幅度为 56.7%。在 9 月下旬种子散落末期，土壤稳定入渗率又上升到 3.76mm/min。在紫花苜蓿地，紫花苜蓿经历了返青、旁枝形成、现蕾、开花、结荚、种子成熟初期和种子成熟末期等 7 个生长阶段，土壤稳定入渗率在 2.12~2.30mm/min 波动变化，变化幅度为 8% 左右。在返青、旁枝形成、开花和种子成熟末期，紫花苜蓿地土壤稳定入渗率相对较大，均为 2.30mm/min，在现蕾期和种子成熟初期土壤稳定入渗率相对较小，分别为 2.14mm/min 和 2.1mm/min。从 4 月中旬到 9 月底，对照样地（裸地）土壤稳定入渗率基本呈下降趋势，最大值 2.14mm/min 和最小值 0.81mm/min 分别出现在 4 月中旬和 9 月底，平均值为 1.47mm/min。对照样地（裸地）的土壤稳定入渗率相对较低，这可能是由于对照样地（裸地）近地表层缺少植被覆盖，强降水对近地表层的击打造成土壤物理结皮的发育降低了土壤的入渗能力（Agassi et al., 1985，1981）。

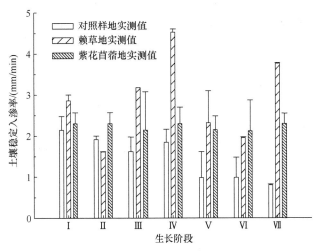

图 5-6 赖草地和紫花苜蓿地土壤稳定入渗率季节变化

总体而言，赖草地的土壤稳定入渗率具有显著的季节变化，紫花苜蓿地的土壤稳定入渗率没有显著的季节变化，这可能与两种退耕草地土壤属性季节变化的特点有关。

5.2.3 退耕草地土壤稳定入渗率季节变化模拟

在野外条件下，黄土高原地区不同植被类型下土壤稳定入渗率通常是难以直接测量的。但是，土壤稳定入渗率是黄土高原地区土壤水文循环过程的重要组成部分（Lassabatere et al., 2011），它的准确定量对提高土壤蓄水量、土壤侵蚀的控制和土壤侵蚀过程模型的建立起着至关重要的作用。因此，精确定量模拟土壤稳定入渗率时间尺度上的变化是非常必要的。

本书结合退耕草地土壤稳定入渗率及其影响因素的函数关系形式，采用非线性回归的方法，利用赖草地和紫花苜蓿地土壤容重、土壤总孔隙度和土壤毛管孔隙度定量模拟土壤稳定入渗率生长季的变化：

$$SIR = \exp\left(a \cdot \int BD + b \cdot \int TP + c \cdot \int CP\right) \tag{5-1}$$

式中，SIR 为土壤稳定入渗率（mm/min）；BD 为土壤容重（g/cm³）；TP 为土壤总孔隙度（%）；CP 为土壤毛管孔隙度（%）；a、b 和 c 分别为回归系数。

在模拟方程（5-1）中，土壤容重、土壤总孔隙度和土壤毛管孔隙度分别能够解释自变量赖草地和紫花苜蓿地土壤稳定入渗率 88%和 85.9%的变量，说明土壤容重、土壤总孔隙度和土壤毛管孔隙度是影响退耕草地土壤稳定入渗率生长季变化的主要因素。总体而言，模拟方程（5-1）分别高估了两种退耕草地土壤稳定入渗率的 2%和 4%。模拟方程（5-1）的决定系数 R^2 分别为 0.88 和 0.859，NSE 分别为 0.878 和 0.855（表 5-3）。总体上，模拟方程（5-1）分别高估了赖草地和紫花苜蓿地土壤稳定入渗率的 2%和 3%。土壤稳定入渗率模拟效果如图 5-7 所示。由于受实验条件所限，本书只考虑了土壤容重、土壤总孔隙度和土壤毛管孔隙度对土壤稳定入渗率生长季变化的影响，未考虑根重密度等其他根系特征参数及其他土壤属性因素的影响，模拟结果和精度存在一定的局限性和偏差。在黄土高原地区退耕还林还草条件下，进一步研究根径结构等根系特征参数对土壤稳定入渗率生长季变化的影响是非常必要的。

表 5-3　土壤稳定入渗率模拟方程参数值

草地类型	a	b	c	R^2	NSE
赖草地	−4.314	0.04	0.074	0.88	0.878
紫花苜蓿地	−0.013	0.008	0.012	0.859	0.855

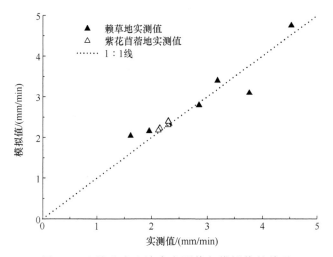

图 5-7　土壤稳定入渗率实测值与模拟值的关系

5.2.4 退耕草地土壤稳定入渗率季节变化影响因素

Pearson 相关分析表明，在赖草和紫花苜蓿生长季内，两种草地土壤稳定入渗率与土壤总孔隙度和土壤毛管孔隙度呈显著正相关关系，与土壤初始含水量和土壤容重呈显著负相关关系（表 5-4）。这说明土壤初始含水量、土壤容重、土壤总孔隙度及土壤毛管孔隙度是影响赖草地和紫花苜蓿地土壤稳定入渗率生长季变化的重要因素。

表 5-4　土壤稳定入渗率与土壤属性的相关系数

草地类型	土壤初始含水量/%	土壤容重/（g/cm³）	土壤总孔隙度/%	土壤毛管孔隙度/%
赖草地	−0.791*	−0.87*	0.887**	0.999**
紫花苜蓿地	−0.85*	−0.916**	0.816*	0.936**

*$p<0.05$；**$p<0.01$。

如图 5-5 所示，在赖草地和紫花苜蓿地生长季内，受降水、风、土壤硬化过程、土壤物理结皮发育等作用的综合影响（Angulojaramillo et al., 2000），两种退耕草地的土壤初始含水量、土壤容重、土壤总孔隙度和土壤毛管孔隙度表现出了较大的季节波动。其中，土壤初始含水量、紫花苜蓿地的容重和毛管孔隙度在 $\alpha=0.05$ 水平上还表现出了显著的季节变化特征，可能导致土壤稳定入渗率生长季的变化。

土壤初始含水量明显影响土壤稳定入渗率的变化，主要反映在土壤初始含水量在生长季干湿交替的变化上。干湿交替的变化有助于近地表层土壤裂隙的发育，从而有助于增加土壤的稳定入渗率。在整个草地生长季，两种草地的土壤稳定入渗率与土壤初始含水量表现出了反相位变化，即土壤初始含水量出现高值时，土壤稳定入渗率出现低值；反之，土壤稳定入渗率出现高值。Pearson 相关分析表明，两种草地土壤稳定入渗率与土壤初始含水量呈显著负相关关系（表 5-4），这一研究结果与 Diamond（2003）和 Yang 等（2011）的研究结果较为一致。Hu（2009）和 Zhou（2008）等的研究表明，土壤初始含水量与土壤稳定入渗率和土壤渗透系数关系密切。在赖草和紫花苜蓿生长季，两种退耕草地土壤初始含水量干湿交替的变化，有助于近地表层土壤缝隙的发育，从而增加土壤稳定入渗率（Yang et al., 2011）。

土壤容重也明显影响土壤稳定入渗率的变化，两者关系密切，并呈负相关关系（李卓等，2009；王国梁等，2003；Chartres，1986）。通常情况下，土壤容重较大时，近地表层的土壤颗粒比较紧实，土壤孔隙度较小，水流在土壤中下渗时通常比较缓慢，导致土壤稳定入渗率较小。反之，土壤容重较小时，近地表层土壤颗粒比较疏松，或者存在裂隙（缝），水流沿着疏松土壤或者裂隙下渗速度往往较快,从而导致土壤的稳定入渗率较大。Pearson 相关分析表明,土壤容重与土壤稳定入渗率也呈显著负相关关系(表 5-4),这一结果与 Yang(2011)、李卓(2009)、勃海峰(2007)和王国梁(2003)等的研究结果相同。在赖草和紫花苜蓿生长季,雨滴的击打、土壤物理结皮发育和土壤生物的活动等因素的影响,改变了土壤容重的大小,影响了土壤孔隙度的大小,从而导致水流在土壤中的运移速度发生改变,进而影响赖草地和紫花苜蓿地土壤稳定入渗率的大小。

土壤孔隙性和土壤毛管孔隙度也是评价土壤水分运移快慢的重要物理属性指标,在评价土壤孔隙性时,常将土壤总孔隙度作为指标。土壤中孔隙的大小、形状等往往各不相同,这会影响土壤中水分的保持和运移速度,从而导致土壤稳定入渗率的差异。以往的研究表明,土壤稳定入渗率与土壤孔隙度呈正相关关系(王鹏程等,2007;王国梁等,2003;Chartres,1986)。Pearson 相关分析表明,赖草地和紫花苜蓿地土壤稳定入渗率与土壤总孔隙度呈显著正相关关系,与 Yang 等(2011)、王鹏程等(2007)、勃海峰等(2007)和王国梁等(2003)的研究结果相同。另外,Pearson 相关分析表明,土壤稳定入渗率与土壤毛管孔隙度也呈显著正相关关系(表 5-4),与 Yang 等(2011)的研究结果较为一致。

5.3 本 章 小 结

(1)在黄土高原地区谷子、大豆和土豆生长季内,三种作物地土壤稳定入渗率分别呈现出先升高后降低再升高、先升高再降低和一直升高的变化趋势。三种作物地土壤稳定入渗率在 $\alpha = 0.05$ 水平上具有显著的生长季变化特征,不同作物地土壤稳定入渗率生长季的变化趋势不同。三种作物地与对照样地(裸地)的土壤稳定入渗率具有显著性差异。土豆地平均土壤稳定入渗率最大,其次是大豆地和谷子地。

(2)谷子地、大豆地和土豆地的土壤稳定入渗率主要受农事活动、土壤孔隙度和作物根系生长等影响。在三种作物生长季,农事活动播种和锄草分别导致土壤稳定入渗率增加 160.0%和 27.0%,三种作物根重密度在整个生长季分别平均增加 52.2%、71.4%和 98.5%,与之相应的三种作物地土壤稳定入渗率的平均增加幅度依次为 12.1%、30.2%和 47.3%。

(3)在黄土丘陵区赖草和紫花苜蓿生长季内,赖草地土壤稳定入渗率在 $\alpha = 0.05$ 水平上表现为"W"型的显著变化趋势,紫花苜蓿地土壤稳定入渗率在 $\alpha = 0.05$ 水平上没有统计学显著变化趋势。赖草地与对照样地(裸地)的土

壤稳定入渗率在 $\alpha = 0.05$ 水平上具有显著性差异，紫花苜蓿地与对照样地（裸地）在 $\alpha = 0.05$ 水平上没有显著性差异。赖草地平均土壤稳定入渗率大于紫花苜蓿地土壤稳定入渗率。

（4）赖草地和紫花苜蓿地土壤稳定入渗率生长季的变化主要由土壤容重、土壤总孔隙度和土壤毛管孔隙度等因素的动态变化引起；两种退耕草地土壤稳定入渗率与土壤初始含水量和土壤容重呈显著或极显著负相关，与土壤总孔隙度和土壤毛管孔隙度呈显著或极显著正相关。

（5）用土壤容重、土壤总孔隙度和土壤毛管孔隙度等土壤属性生长季的动态变化能够较好地模拟赖草地和紫花苜蓿地土壤稳定入渗率生长季的变化规律，两种退耕草地土壤稳定入渗率模拟方程的决定系数 R^2 分别为 0.88 和 0.859。

（6）在整个生长季，赖草地和紫花苜蓿地土壤稳定入渗率的平均值分别为对照样地（裸地）土壤稳定入渗率平均值的 196% 和 152%，这说明在黄土高原地区退耕还草有助于增加该区的降水入渗，从而有利于该区的水土保持。

参 考 文 献

勃海峰, 刘国彬, 王国梁, 2007. 黄土丘陵区退耕地植被恢复过程中土壤入渗特征的变化[J]. 水土保持通报, 27(3): 1-5.

陈永宝, 胡顺军, 罗毅, 等, 2014. 不同入渗水头条件下壤砂土的一维垂直入渗特性[J]. 干旱区地理, 37(4): 713-719.

鄂竟平, 2008. 中国水土流失与生态安全综合科学考察总结报告[J]. 中国水土保持, (12): 3-6.

胡琳, 苏静, 桑永枝, 等, 2014. 陕西省降水侵蚀力时空分布特征[J]. 干旱区地理, 37(6): 1101-1107.

李莉, 孟杰, 杨建振, 等, 2010. 不同植被下生物结皮的水分入渗与水土保持效应[J]. 水土保持学报, 24(5): 105-109.

李勇, 朱显谟, 1992. 黄土高原植物根系强化土壤渗透力的有效性[J]. 科学通报, 37(4): 366-366.

李卓, 吴普特, 冯浩, 等, 2009. 容重对土壤水分入渗能力影响模拟实验[J]. 农业工程学报, 25(6): 40-45.

莫保儒, 王子婷, 蔡国军, 等, 2014. 半干旱黄土区成熟柠条林地剖面土壤水分环境及影响因子研究[J]. 干旱区地理, 37(6): 1207-1215.

唐克丽, 张科利, 雷阿林, 1998. 黄土丘陵区退耕上限坡度的研究论证[J]. 科学通报, 43(2): 200-203.

王国梁, 刘国彬, 周生路, 2003. 黄土丘陵沟壑区小流域植被恢复对土壤稳定入渗的影响[J]. 自然资源学报, 18(5): 529-535.

王鹏程, 肖文发, 张守攻, 等, 2007. 三峡库区主要森林植被类型土壤渗透性能研究[J]. 水土保持学报, 21(6): 51-55.

王梦军, 张光灿, 刘霞, 等, 2008. 沂蒙山林区不同森林群落土壤水分贮存与入渗特征[J].

中国水土保持科学, 6(6): 26-31.

张健, 刘国彬, 许明祥, 等, 2008. 黄土丘陵区植被次生演替灌木初期土壤物理性质特征[J]. 水土保持研究, 15(4): 101-104.

张侃侃, 卜崇峰, 高国雄, 2011. 黄土高原生物结皮对土壤水分入渗的影响[J]. 干旱区研究, 28(5): 808-812.

ABU-HAMDEH N H, ABO-QUDAIS S A, OTHMAN A M, 2006. Effect of soil aggregate size on infiltration and erosion characteristics [J]. European Journal of Soil Science, 57(5): 609-616.

AGASSI M, MORIN J, SHAINBERG I, 1985. Effect of raindrop impact energy and water salinity on infiltration rates of sodic soils [J]. Journal Soil Science Society of America (USA), 49(1): 186-190.

AGASSI M, SHAINBERG I, MORIN J, 1981. Effect of electrolyte concentration and soil sodicity on infiltration rate and crust formation[J]. Soil Science Society of America Journal, 45(5): 848-851.

AN S S, HUANG Y, ZHENG F L, 2009. Evaluation of soil microbial indices along a revegetation chronosequence in grassland soils on the Loess Plateau, Northwest China [J]. Applied Soil Ecology, 41(3): 286-292.

ANGERS D A, CARON J, 1998. Plant-Inducted changes in soil structures: processes and feedbacks [J]. Biogeochemistry, 42(1-2): 55-72.

ANGULOJARAMILLO R, VANDERVAERE J P, ROULIER S, et al., 2000. Field measurement of soil surface hydraulic properties by disc and ring infiltrometers a review and recent developments[J]. Soil & Tillage Research, 55(1): 1-29.

CHARTRES C J, 1986. Soil spatial variability[J]. Geoderma, 39(2): 158-159.

DEVITT D A, SMITH S D, 2002. Root channel macropores enhance downward movement of water in a mojave desert ecosystem[J]. Journal of Arid Environments, 50(1): 99-108.

DIAMOND J, SHANLEY T, 2003. Infiltration rate assessment of some major soils [J]. Irish Geography, 36(1): 32-46.

FRANZLUEBBERS A J, 2002. Water infiltration and soil structure related to organic matter and its stratification with depth [J]. Soil & Tillage Research, 66(2): 197-205.

FU B J, 2010. Soil erosion and its control in the Loess Plateau of China[J]. Soil Use & Management, 5(2): 76-82.

HAWES M C, GUNAWARDENA U, MIYASAKA S, et al., 2000. The role of root border cells in plant defense [J]. Trends in plant science, 5(3): 128-133.

HU W, SHAO M A, WANG Q J, et al., 2009. Temporal changes of soil hydraulic properties under different land uses [J]. Geoderma, 149(3): 355-366.

JIAO F, WEN Z M, AN S S, 2011. Changes in soil properties across a chronosequence of vegetation restoration on the Loess Plateau of China[J]. Catena, 86(2): 110-116.

KHEIR R B, CERDAN O, ABDALLAH C, 2006. Regional soil erosion risk mapping in lebanon[J]. Geomorphology, 82(3): 347-359.

LADO M, BENHUR M, SHAINBERG I, 2004a. Soil wetting and texture effects on aggregate stability, seal formation, and erosion [J]. Soil Science Society of America Journal, 68(6): 1992-1999.

LADO M, PAZ A, BENHUR M, 2004b. Organic matter and aggregate size interactions in infiltration, seal formation, and soil loss[J]. Soil Science Society of America Journal, 27(68): 488.

LASSABATERE L, ANGULOJARAMILLO R, GOUTALAND D, et al., 2011. Effect of the settlement of sediments on water infiltration in two urban infiltration basins[J]. Geoderma, 156(3): 316-325.

LI Y Y, SHAO M A, 2006. Change of soil physical properties under long-term natural vegetation restoration in the Loess Plateau of China[J]. Journal of Arid Environments, 64(1): 77-96.

MARTENS D A, 2002. Relationship between plant phenolic acids released during soil mineralization and aggregate stabilization[J]. Soil Science Society of America Journal, 66(6): 1857-1867.

MARTHA C H, UVINI G, SUSAN M, et al., 2000. The role of root border cells in plant defense[J]. Trends in Plant Science, 5(3): 128-133.

MCCULLY M E, BOYER J S, 1997. The expansion of root cap mucilage during hydration: iii. changes in water potential and water content[J]. Physiologia Plantarum, 99(1): 169-177.

MOORE I D, LARSON C L, SLACK D C, et al., 2015. Modelling infiltration: a measurable parameter approach [J]. Journal of Agricultural Engineering Research, 26(1): 21-32.

PARCHAMI-ARAGHI F, MIRLATIFI S M, DASHTAKI S G, et al., 2013. Point estimation of soil water infiltration process using artificial neural networks for some calcareous soils[J]. Journal of Hydrology, 481(5): 35-47.

PIKUL J L, AASE J K, 2003. Water infiltration and storage affected by subsoiling and subsequent tillage[J]. Soilence Society of America Journal, 67(3): 859-866.

SHI H, SHAO M A, 2000. Soil and water loss from the Loess Plateau in China[J]. Journal of Arid Environments, 45(1): 9-20.

WANG Y, SHAO M A, SHAO H, 2010. A preliminary investigation of the dynamic characteristics of dried soil layers on the Loess Plateau of China[J]. Journal of Hydrology, 381(1): 9-17.

WU W D, ZHENG S Z, LU Z H, et al., 2000. Effect of plant roots on penetrability and anti-scouribility of red soil derived from granite[J]. Pedosphere, 10(2): 183-188.

YANG J L, ZHANG G L, 2011. Water infiltration in urban soils and its effects on the quantity and quality of runoff[J]. Journal of Soils & Sediments, 11(5): 751-761.

ZHOU X, LIN H S, WHITE E A, 2008. Surface soil hydraulic properties in four soil series under different land uses and their temporal changes[J]. Catena, 73(2): 180-188.

ZHOU Z C, SHANGGUAN Z P, 2007. The effects of ryegrass roots and shoots on loess erosion under simulated rainfall [J]. Catena, 70(3): 350-355.

第6章 土壤分离能力季节变化特征

随着全球气候变化导致的极端天气频繁出现和社会经济的快速发展，土地利用/植被覆盖变化驱动区域土壤侵蚀变化及其环境效应的相关研究备受学界关注，也是"未来地球计划"（Future Earth）的焦点问题和热点问题之一（Reid et al., 2010）。土壤侵蚀过程主要包括土壤分离、泥沙输移和泥沙沉积三大过程，研究这些过程发生、发展的水力、地形、土壤、植被等临界条件及各过程间相互影响、相互制约的动力机制，是建立土壤侵蚀过程模型的基础（张光辉，2001）。在降水击溅和径流冲刷作用下，土壤颗粒脱离土体，离开原始位置的过程为土壤分离过程。黄土高原地区退耕还林还草工程的大规模实施，势必引起近地表层土壤属性的较大变化，并引起土壤侵蚀过程的强烈响应，一方面是坡面径流土壤侵蚀动力的减小，另一方面是土壤抗蚀能力的增强，结果必然导致区域水土流失强度的下降和时空变异的加剧。以往研究表明，土壤分离过程主要受到坡面流水动力条件、土壤属性差异和植被根系生长等因素的综合影响。在黄土高原地区，受降水、温度、农事活动、根系生长等因素的综合影响，农耕地和退耕地的土壤属性具有明显的季节变化（Zhang et al., 2009）。这可能导致土壤分离过程在时间尺度上变化，但目前对于它们之间的定量关系还缺乏了解，急需开展相关研究。

6.1 典型农耕地土壤分离能力季节变化

6.1.1 农耕地土壤分离能力季节变化特征

图 6-1 给出了玉米、谷子、大豆和土豆四种作物生长季内土壤分离能力的变化特征。由于每组径流剪切力下每种作物地土壤分离能力的生长季变化趋势类似，因此，每种作物的土壤分离能力生长季的变化用 6 组径流剪切力条件下的平均值来表示。图 6-1 中四种作物地各点土壤分离能力为相应作物观测周期内所有冲刷土样 6 组径流剪切力条件下的平均值。

在黄土高原地区整个作物生长季，玉米地、谷子地、大豆地和土豆地土壤分离能力在 $\alpha = 0.05$ 水平上具有显著的季节变化趋势（图 6-1，表 6-1）。四种作物地的土壤分离能力除收获时期不同外，总体上还表现出先升高再降低的相

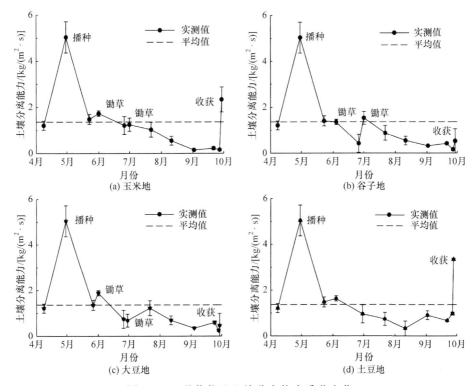

图 6-1 四种作物地土壤分离能力季节变化

似的季节变化特征。土豆地的平均土壤分离能力最大 [1.57kg/(m²·s)]，其次是玉米地 [1.37kg/(m²·s)]，大豆地 [1.21kg/(m²·s)] 和谷子地 [1.15kg/(m²·s)] 相对较小。四种作物地的土壤分离能力在 4 月上旬播种前相对较小。受同一农事活动播种的影响，四种作物地的土壤分离能力从 1.21kg/(m²·s) 显著增加到 5.04kg/(m²·s)（$p<0.05$），并达到了作物生长季中的最大值。然后，受雨滴击打作用和土体本身重力沉降作用的影响，近地表层的土壤变得日渐紧实，土壤黏结力和土壤容重明显增加（图 4-1、图 4-2），四种作物地的土壤分离能力下降趋势明显（图 6-1）。6 月份以后，随着雨季的到来，作物盖度增加，作物根系生长和土壤硬化过程增强，四种作物地的土壤分离能力在 $\alpha=0.05$ 水平上呈明显下降趋势（图 6-1）。玉米地、谷子地和大豆地的土壤分离能力在生长季的 9 月下旬达到最小值，土豆地的土壤分离能力在生长季的 8 月上旬达到最小值，而后伴随着土豆块茎的生长，近地表层土壤裂隙发育，土豆地土壤分离能力又有所增加。农事活动收获对玉米地、谷子地、大豆地和土豆地土壤分离能力均具有明显的影响。例如，玉米地和土豆地，收获时 60%~70% 的土壤表面被彻底破坏，土壤分离能力的增加较为显著，并在 $\alpha=0.01$ 水平上达到统计学显著性差异（$p=0.001$，0.004）。

表 6-1 四种作物地土壤分离能力季节变化 Kendall's W 显著性检验

作物地	Kendall's W	显著性水平（p）
玉米地	0.917	0.000**
谷子地	0.898	0.000**
大豆地	0.923	0.000**
土豆地	0.865	0.000**

**$p<0.01$（双尾）。

玉米地、谷子地、大豆地和土豆地四种作物地土壤分离能力在整个生长季的平均值是美国 Mamo 等（2001）报道的普莱诺粉砂壤土玉米地 [$1.6×10^{-3}$kg/($m^2·s$)] 和大豆地 [$1.66×10^{-3}$kg/($m^2·s$)] 研究结果的 1000 倍左右，是 Zhang 等（2009）黄土高原地区玉米地和谷子地降水丰沛年结果的 480% 和 830%，造成研究结果差异的原因可能是坡面径流实验条件、土壤分离能力测量方法、土壤属性差异和耕作方式等。本书中坡面径流冲刷实验坡度的变化范围为 17.4%～42.3%，然而，在 Mamo 等（2001）的研究中，径流冲刷的实验坡度变化范围为 3%～5%；本书中的单宽流量是 Mamo（2001）研究中单宽流量的 0.89～16.58 倍。因此，本书中坡面径流冲刷所使用的水流剪切力（5.71～17.18Pa）远大于 Mamo 等（2001）研究中的水流剪切力（1.1～2.2Pa）；实验中所使用土壤的砂粒含量比 Mamo 等（2001）实验中土壤的砂粒含量要高，黏粒含量要低于 Mamo 等（2001）实验中粉砂壤土的黏粒含量。因此，实验中所使用的土壤比 Mamo 等（2001）实验中使用的土壤更容易被径流冲刷，土壤分离能力较大。另外，在 Mamo 等（2001）的实验中，在作物生长季使用了除草剂，并且在实验期没有人类活动的干扰。然而，在本书中的实验期内却有锄草和收获等 3 次大的人类活动干扰，这些都可能是黄土高原地区典型农耕地土壤分离能力增加的原因，收获时期的农事活动增加了四种作物地土壤分离能力（$p=0.001$，0.25，0.18，0.004）。实验结果与 Zhang 等（2009）的实验结果不同可能是研究期作物轮作方式、降水量、干湿循环、作物根系生长和盖度增加等因素不同所导致。例如，Zhang 等（2009）研究中测量的根重密度是本书测量的根重密度的 4.7～49.8 倍，土壤分离能力随根重密度呈指数函数降低（Zhang et al.，2013；Burylo et al.，2012；De Baets et al.，2010，2006）。因此，本书研究测得的土壤分离能力的结果比 Zhang 等（2009）测得的结果偏大。另外，本书中，尽管四种作物之间的根重密度在作物生长季的均值具有统计学显著性差异，但四种作物地土壤分离能力季节变化的平均值之间并没有统计学显著性差异（$p<0.05$），这一结果与 Mamo 等（2001）和 Ghidey 等（1997）的研究结果相同。

6.1.2 土壤分离能力季节变化影响因素

坡面径流实验水动力条件、土壤属性和植被根系生长是影响近地表层土壤分离过程的重要因素。降水侵蚀力的强弱、土壤属性差异的大小和植被根系的生长状况等各种因素的生长季变化都可能引起黄土高原地区典型农耕地土壤分离能力的季节变化。由于本书中土壤分离能力实验采用变坡径流冲刷实验水槽系统测定，在土壤分离能力生长季变化研究中，不同实验周期选用了相同的坡面径流冲刷水动力条件，因此，坡面径流侵蚀动力相同，在实验数据分析过程中不考虑侵蚀冲刷动力对土壤分离能力生长季变化的影响，重点关注作物根系生长和土壤属性变化所引起的农耕地土壤分离能力生长季变化。

在黄土高原地区玉米、谷子、大豆和土豆四种典型作物生长季，农耕地的土壤容重、土壤黏结力和土壤初始含水量呈现出了明显的季节变化趋势（图 4-1～图 4-3），土壤水稳性团聚体呈现出一直增加的生长季变化趋势（图 4-4），这可能是农事活动、土壤物理结皮发育、土壤硬化过程和作物根系生长等多种因素综合作用的结果。黄土高原地区典型农耕地土壤属性的季节波动变化在某种程度上势必影响土壤分离能力生长季的变化。黄土高原地区典型农耕地四种作物生长季土壤分离能力 [D_c, kg/(m²·s)] 与土壤容重（BD, g/cm³）、土壤黏结力（SC, kPa）、土壤水稳性团聚体（WSA, %）的拟合关系如表 6-2 所示。四种作物地土壤分离能力与土壤黏结力和土壤水稳性团聚体在 $\alpha = 0.05$ 水平上呈显著负相关关系；玉米地和土豆地的土壤分离能力与土壤容重在 $\alpha = 0.05$ 水平上呈显著负相关关系，谷子地和大豆地的土壤分离能力与土壤容重在 $\alpha = 0.05$ 水平上无显著相关关系。

表 6-2　四种作物地土壤分离能力与土壤属性指数拟合关系

作物地	SC/kPa	BD/（g/cm³）	WSA/%
玉米地	$D_c = 7.58e^{-0.26SC} (R^2 = 0.84^{**})$	$D_c = 6 \times 10^6 e^{-13.93BD} (R^2 = 0.88^{**})$	$D_c = 55.84e^{-0.2WSA} (R^2 = 0.80^{**})$
谷子地	$D_c = 5.97e^{-0.22SC} (R^2 = 0.80^{**})$	$D_c = 2.34 \times 10^5 e^{-11.2BD} (R^2 = 0.44^{ns})$	$D_c = 88.46e^{-0.2WSA} (R^2 = 0.74^*)$
大豆地	$D_c = 5.25e^{-0.19SC} (R^2 = 0.88^{**})$	$D_c = 1.34 \times 10^4 e^{-8.85BD} (R^2 = 0.28^{ns})$	$D_c = 140.9e^{-0.25WSA} (R^2 = 0.85^{**})$
土豆地	$D_c = 4.53e^{-0.16SC} (R^2 = 0.83^{**})$	$D_c = 8.6 \times 10^2 e^{-6.02BD} (R^2 = 0.47^{**})$	$D_c = 9 \times 10^8 e^{-1.34WSA} (R^2 = 0.58^*)$

**$p<0.01$（双尾）；*$p<0.05$（双尾）；ns 表示无显著相关关系。

1. 农事活动

图 6-2 清楚地表明黄土高原地区四种作物典型农耕地的土壤分离能力受到播种、锄草和收获等农事活动因素的影响。播种对四种作物地的土壤分离能力具有较大的影响 [图 6-2（a）]。例如，玉米、谷子和大豆三种作物地采用机器

播种，该农事活动方式导致播种后玉米地、谷子地和大豆地的土壤分离能力增加了 4.16 倍（同一种植方式），并在 $\alpha = 0.05$ 水平上达到统计学显著性差异；土豆地采用人工锄播种方式，该农事活动方式导致播种后土豆地的土壤分离能力增加了 14%，在 $\alpha = 0.05$ 水平上未达到显著性差异（$p=0.192$）。两次锄草活动在一定程度上改变了四种作物地土壤分离能力的大小。例如，第一次锄草导致大豆地和玉米地的土壤分离能力依次增加了 36% 和 17.4%［图 6-2（b）］，谷子地的土壤分离能力增加不明显［图 6-2（b）］。第二次锄草并伴随着定苗导致谷子地的土壤分离能力增加了 255%［图 6-2（c）］，玉米地和大豆地的土壤分离能力在第二次锄草过程中在 $\alpha = 0.05$ 水平上增加不显著［图 6-2（c）］。在黄土高原地区典型农耕地，农事活动收获对四种作物地的土壤分离能力有着明显的影响［图 6-2（d）］。玉米地和土豆地的土壤分离能力在收获农事活动的影响下分别增加 453% 和 234%，在 $\alpha = 0.05$ 水平上达到统计学显著性差异（$p = 0.001$，0.004），谷子地和大豆地的土壤分离能力在收获农事活动的影响下分别增加 194% 和 95%，在 $\alpha = 0.05$ 水平上未达到统计学显著性差异（$p = 0.25$，0.18）。农事活动对四种作物地近地表层土壤干扰程度的大小决定着农事活动对土壤分离能力影响程度的强弱，并随作物根系类型的不同（直根系和须根系）和时

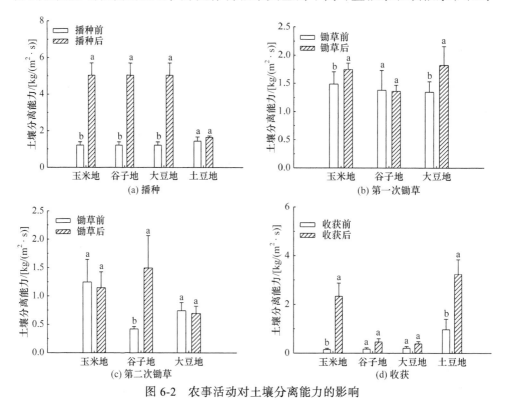

图 6-2 农事活动对土壤分离能力的影响

间的变化而发生改变（Zhang et al.，2009）。农事活动不仅增加了农耕地土壤的可蚀性（De Baets et al.，2008；Potter et al.，2002），而且使农耕地的土壤比其他土地类型的土壤更容易被侵蚀（Zhang et al.，2009，2008），本书结果与该认识较为一致。

2. 土壤属性

通常，若近地表层的土壤紧实，土壤容重往往较大，径流冲刷引起的土壤分离往往需要克服较大阻力，在这种情况下，往往需要经历较长时间的蓄能阶段，近地表层土壤才能够被坡面径流分离，此时土壤分离能力较小。反之，若近地表层土壤比较疏松，或存在裂隙（缝），土壤容重往往较小，水流沿着疏松土壤或者裂隙向下流动或快速下渗，沿程带走土壤颗粒，导致裂隙（缝）变大，土壤中的水流则沿着裂隙（缝）快速汇聚。此时由于能量较为集中，往往会缩短土壤分离过程，这种情况下土壤分离能力会比较大。Govers 等（1990）的研究认为，在减少土壤侵蚀方面，土壤容重在很大程度上受到土壤初始含水量的制约。当土壤初始含水量较低时，土壤表面较为干燥，土壤颗粒遇水膨胀、分解的速度较快，土壤黏结力变小，土壤结构容易受到破坏，抵抗被分离（侵蚀）的能力下降，土壤较易被径流分离（侵蚀）。

黄土高原地区四种作物地土壤分离能力与土壤容重的关系如图 6-3 所示。每一实验周期，坡面径流冲刷实验都采用相同的 6 组水动力条件（水流剪切力），每一组水动力条件（水流剪切力）下冲刷 5 个土壤分离样品。即便土样土壤容重相同，在不同的水动力冲刷作用下，土壤分离能力也会出现差异。为避免水动力条件不同而导致土壤分离能力与土壤容重关系的混乱，图 6-3 中的土壤分离能力采用每一实验周期内所有冲刷土样的平均值。如图 6-3 所示，土壤分离能力随着土壤容重的增加呈指数形式降低。表 6-2 反映了四种作物地土壤分离能力与土壤容重的指数拟合关系。

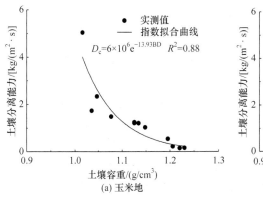
(a) 玉米地

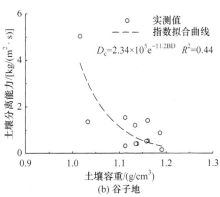
(b) 谷子地

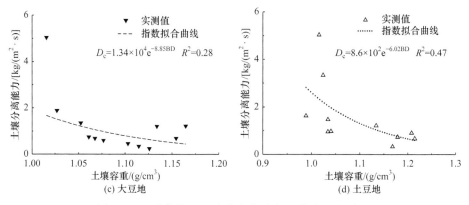

图 6-3 四种作物地土壤分离能力与土壤容重的关系

对比土壤分离能力季节变化图（图 6-1）与土壤容重季节变化图（图 4-1）可以发现，四种作物地土壤分离能力季节变化明显受到土壤容重季节变化的影响。在 4 月中旬，四种作物地土壤容重相对较大，土壤分离能力则相对较小，受农事活动播种的影响，玉米地、谷子地和大豆地三种作物地的土壤容重迅速下降。与此同时，与之相对应的玉米地、谷子地和大豆地的土壤分离能力则迅速由 1.21kg/（m²·s）增加到 5.04kg/（m²·s）（播种方式相同），并在 $\alpha = 0.05$ 水平上达到统计学显著性差异。此后，在降水雨滴击打作用和土体本身重力沉降作用的影响下，四种作物地近地表层土壤变得逐渐紧实，土壤容重变大，土壤分离能力变小。6 月份以后，随着雨季的到来，土壤的硬化过程增强，作物盖度增加和作物根系生长，四种作物地土壤容重上升趋势明显（图 4-1），与之相对应的土壤分离能力则表现为下降趋势（图 6-1）。

通常，当土壤颗粒之间较为紧实时，土壤黏结力作用往往较强，此时由坡面径流冲刷作用所导致的土壤分离过程往往受到土壤侵蚀阻力的限制，土壤变得难以被分离。因此，当土壤黏结力较大时，土壤分离能力一般较弱；反之，土壤分离能力则较强。

如图 6-4 所示，土壤分离能力随着土壤黏结力的增加呈指数函数形式降低。表 6-2 反映了土壤分离能力与土壤黏结力的指数拟合关系。土壤黏结力的季节变化明显影响到了土壤分离能力的季节变化（表 6-1，图 6-4）。对比土壤分离能力季节变化图（图 6-1）与土壤黏结力季节变化图（图 4-2）发现，在黄土高原地区作物生长季，4 月下旬以后，土壤表层的黏结力变大，土壤分离能力变小。6 月份以后，土壤黏结力进一步变大。四种作物样地土壤黏结力在 9 月下旬左右达到最大值。与此同时，与之相应的玉米地、谷子地和大豆地三种作物地的土壤分离能力在 9 月下旬左右达到最小值，土豆地的土壤分离能力在 8 月上旬达到最小值，此后随着土豆块茎的生长，地表裂隙（缝）发育，土豆地的土壤分离能力又有所增加。

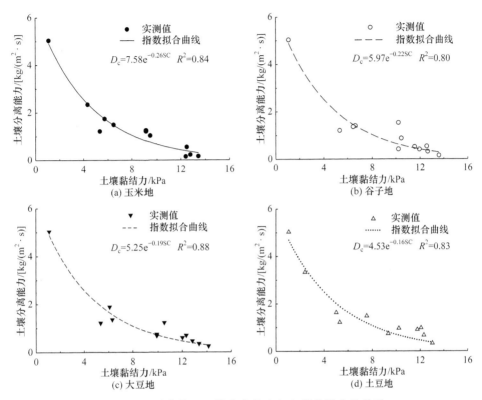

图 6-4　四种作物地土壤分离能力与土壤黏结力的关系

在黄土高原地区典型农耕地，4 月中旬种植以后，随着土壤容重、土壤黏黏结力的增加，土壤硬化过程增强，导致近地表层土壤固结变硬，并难以被分离，从而引起四种作物地土壤分离能力的降低（Zhang et al., 2009）。四种作物地的土壤分离能力与土壤黏结力关系密切相关（表 6-2，图 6-4）。统计分析表明，黄土高原地区典型农耕地的土壤分离能力与土壤黏结力的相关系数高于它与土壤容重的相关系数（表 6-2），这说明就土壤容重和土壤黏结力而言，四种作物地的土壤分离能力与土壤黏结力的关系更为密切。

在作物生长季，四种作物地土壤水稳性团聚体表现为连续增加的生长季变化趋势，玉米地、谷子地和大豆地增加明显，分别增加 111%、59%、58%（图 4-4）。土壤中大颗粒的水稳性团聚体由于给坡面径流冲刷提供较大的侵蚀阻力而导致土壤难以被分离，因此，在作物生长季，四种作物地土壤水稳性团聚体的连续增加往往会导致土壤分离能力的降低（图 6-5）。回归分析表明，四种作物地的土壤分离能力随着土壤水稳性团聚体的增加呈指数函数形式降低（表 6-2，图 6-5）。

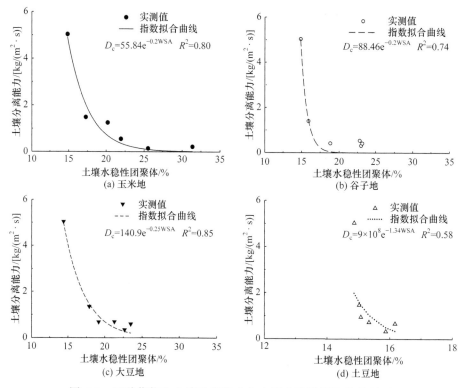

图 6-5 四种作物地土壤分离能力与土壤水稳性团聚体的关系

3. 根系生长

植被根系对土壤分离过程具有显著的影响,其原因可能在于植被根系生长过程中捆绑和黏结了土壤颗粒,改变了土壤颗粒之间的抗侵蚀能力。以往的研究表明,在生长过程中作物根系主要是通过根系之间的网络串连、根土之间的相互黏结,增加土壤有机质含量和土壤水稳性团聚体含量,从而提高土壤抗径流冲刷的能力。在黄土高原地区典型作物生长季,从6月上旬至9月下旬,玉米地根重密度的增加幅度为46%~103%,平均增加了71.9%;谷子地根重密度的增加幅度为0.01%~3.7%,平均增加了2.1%;大豆地根重密度的增加幅度为0.16%~10.6%,平均增加了6.2%;土豆地根重密度的增加幅度为1%~7%,平均增加了2.7%。与之相对应的四种作物地土壤黏结力的增加幅度依次为玉米地430%~1150%,平均增加838%;谷子地300%~960%,平均增加875%;大豆地463%~1211%,平均增加874%;土豆地367%~1110%,平均增加763%。土壤水稳性团聚体的增加幅度依次为玉米地16%~111%,平均增加57%;谷子地7%~56%,平均增加41%;大豆地20%~58%,平均增加40%;土豆地1.1%~9%,平均增加4%。由此可以看出,黄土高原地区典型农耕地作物根系的生长能够改善土壤物理属性结构性质，提高土壤中水稳性团聚体的含量和土壤黏粒的含量，进而提高土壤胶结能力和抗冲刷能力，其原因可能是根土之间通过物理捆绑固结作用和分泌黏结性物质活化了土壤环境。如表6-3所示，在黄土高原地区典型农作物生长季，作物地的土壤分离能力与作物根重密度和根体积密度间呈指数负相关关系。同时，它还与须根系作物（玉米和谷子）的根表面积密度呈指数负相关关系（表6-3）。作物根径（D）和细根（$D≤0.05mm$）百分含量（%FR，%）对土壤分离能力的影响在$\alpha = 0.05$水平上不显著（表6-3）。作物的根重密度与根表面积密度、根长密度和根体积密度在$\alpha = 0.05$水平上呈显著正相关关系（表6-3）。

表6-3 土壤分离能力与根特征参数关系矩阵

须根系	D_c	RD	D	RSA	RLD	%FR	V
D_c/[kg/(m²·s)]	1.00	—	—	—	—	—	—
RD/(kg/m³)	−0.675**	1.00	—	—	—	—	—
D/mm	0.336	−0.200	1.00	—	—	—	—
RSA/(m²/m³)	−0.684**	0.974**	−0.200	1.00	—	—	—
RLD/(m/m³)	−0.591*	0.930**	−0.341	0.956**	1.00	—	—
%FR/%	−0.240	0.304	−0.249	0.191	0.271	1.00	—
V/(m³/m³)	−0.591*	0.947**	−0.112	0.952**	0.881**	0.143	1.00
直根系	D_c	RD	D	RSA	RLD	%FR	V
D_c/[kg/(m²·s)]	1.00	—	—	—	—	—	—
RD/(kg/m³)	−0.639*	1.00	—	—	—	—	—
D/mm	0.036	−0.182	1.00	—	—	—	—
RSA/(m²/m³)	−0.500	0.813**	−0.264	1.00	—	—	—
RLD/(m/m³)	−0.275	0.705**	−0.116	0.830**	1.00	—	—
%FR/%	−0.272	−0.019	−0.501	0.253	0.179	1.00	—
V/(m³/m³)	−0.555*	0.617*	−0.083	0.885**	0.604*	0.358	1.00

注：RD，根重密度（kg/m³）；D，平均根径（mm）；RSA，根表面积密度（m²/m³）；RLD，根长密度（m/m³）；%FR，细根百分含量（%）；V，根体积密度（m³/m³）。*$p<0.05$；**$p<0.01$。

在作物生长季，玉米地、谷子地、大豆地和土豆地的土壤分离能力随根重密度的变化趋势如图6-6所示。同样，为了避免土样因经受不同坡面流水动力条件冲刷而引起土壤分离能力与根重密度关系的混乱，图6-6中的土壤分离能力与根重密度均为同一实验周期内所有土样的均值。如图6-6所示，四种作物地土壤分离能力随作物根重密度的增加呈指数函数形式下降。

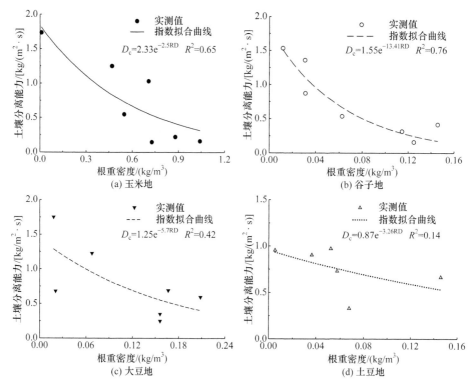

图 6-6　四种作物地土壤分离能力与根重密度的关系

研究采用指数函数形式模拟四种作物地土壤分离能力 [D_c, kg/(m²·s)] 与根重密度（RD, kg/m³）的关系：

$$D_c = a \times e^{b \times RD} \quad (6\text{-}1)$$

式中，RD 为根重密度（kg/m³）；系数 a 和 b 为回归参数（表 6-4）。这一研究结果与 De Baets 和 Zhang 等（Zhang et al.，2013；De Baets et al.，2010；Gyssels et al.，2006）的研究结果较为一致。但是，Burylo 等（2012）在法国阿尔卑斯山泥灰岩地区的研究结果表明，土壤相对分离速率与根重密度间没有直接关系。四种作物地土壤分离能力与根重密度间的决定系数 R^2 的变化范围为 0.254~0.842。玉米和谷子（须根系作物）用根重密度模拟土壤分离能力的精度要高于大豆和土豆（直根系作物）用根重密度模拟土壤分离能力的精度（表 6-3）。这一研究结果与 De Baets 等（2007）以往的须根系植被比直根系植被具有更强的抵抗土壤被冲刷的能力的认识相同。Spearman 相关分析表明，四种作物地的土壤分离能力与作物平均根径间呈正相关关系，但是，大豆和土豆等直根系作物的土壤分离能力与平均根径间的 Spearman 相关系数较低（表 6-3）。在黄土高原地区典型农作物生长季，当平均根径这一根系参数引入到土壤分离能力预测方程（6-1）中时，预测方程的模拟精度有所提高，土豆地的 NSE 提高了 0.26（表 6-4）。玉米地、谷子地、大豆地和土豆地的土壤分离能力与根重密度和平均根径可以用下列指数函数形式模拟：

$$D_c = a \times e^{(b \times RD + c \times D)} \quad (6-2)$$

式中，D 是平均根径（mm）。这一研究结果与 De Baets 等（2010，2007）的研究结论较为一致：当平均根径引入土壤相对分离速率预测方程中时，模拟精度有所提高。另外，需要说明的是，在表 6-4 中，黄土高原地区四种作物地土壤分离能力模拟方程中，玉米地、大豆地和土豆地的回归系数 c 是正值，谷子地的回归系数 c 值则为负值。不同根系作物回归系数 c 值正负的不同难以解释，说明平均根径并不是一个较好的预测土壤分离能力的参数。

表 6-4 四种作物地土壤分离能力与根重密度模拟方程

作物地	模拟方程								
	$D_c = a \times e^{(b \times RD)}$				$D_c = a \times e^{(b \times RD + c \times D)}$				
	a	b	R^2	NSE	a	b	c	R^2	NSE
玉米地	1.85	−1.69	0.72	0.72	2.28	−1.78	−7.15	0.74	0.73
谷子地	1.82	−8.07	0.84	0.73	1.16	−9.66	7.86	0.89	0.86
大豆地	1.44	−6.12	0.50	0.50	1.87	−7.37	−4.22	0.50	0.50
土豆地	0.95	−3.98	0.25	0.25	1.73	−3.76	−26.53	0.52	0.51

6.1.3 农耕地土壤分离能力季节变化模拟

在黄土高原地区野外条件下，坡面流土壤分离能力难以直接测量。但是，它对土壤侵蚀过程的准确计算非常关键。因此，利用土壤分离能力的影响因素准确模拟其季节变化是非常必要的。

采用非线性回归分析的方法，利用作物根重密度、土壤黏结力和坡面径流水流剪切力能够很好地模拟土壤分离能力：

$$D_c = d \times e^{(e \times RD + f \times SC)}(\tau - g) \quad (6-3)$$

土壤分离能力模拟方程（6-3）的回归参数如表 6-5 所示。在模拟方程（6-3）中，根重密度、土壤黏结力和坡面径流水流剪切力能够解释土壤分离能力自变量 64%~92%的变量。总体而言，模拟方程（6-3）分别高估了谷子地、玉米地和大豆地土壤分离能力实测值的 7%、3%和 3%，低估了土豆地土壤分离能力实测值的 1%。模拟方程（6-3）的决定系数 R^2 的变化范围为 0.64~0.92，模型有效系数 NSE 的变化范围为 0.63~0.91。土壤分离能力模拟值与实测值的效果图如图 6-7 所示。图 6-7 中模拟值与实测值构成的散点相对均匀地分布在 1∶1 线的两侧，这说明模拟方程（6-3）的模拟效果较好。图 6-7 中模拟值与实测值构成的散点离 1∶1 线越远，则说明模型的模拟精度越差；反之，模拟值与实测值构成的散点离 1∶1 线越近，则说明模拟方程的模拟精度越好。另外，模拟值与实测值构成的散点在 1∶1 线上方，说明模拟的数值大于实测的数值；反之，模拟值与实测值构成的散点在 1∶1 线下方，则说明模拟的数值小于实测数值。四种作物地相比之下，玉米地、谷子地和大豆地的模拟效果较好，土豆地的模拟效果较差。另外，需要说明的是，在前面作物根系对土壤分离能力影响的部分，已经讨论了平均根径（D, mm）对土壤分离能力的影响，由于它对土壤分离能力的影响是不稳定的，所以，没有包括在土壤分离能力的模拟方程中。土壤容重和土壤黏结力虽然都是反映种植后作物地土壤硬化过程的重要参数，但相比较而言，土壤黏结力与土壤分离能力关系的决定系数要高于土壤容重与土壤分离能力关系的决定系数。因此，在该土壤分离能力模拟方程中，只考虑了土壤黏结力对土壤分离能力的影响。

表 6-5　四种作物地土壤分离能力模拟方程

作物地	模拟方程 $D_c = d \times e^{(e \times RD + f \times SC)}(\tau - g)$					
	d	e	f	g	R^2	NSE
玉米地	3.55	−0.74	−0.32	2.3	0.92	0.91
谷子地	0.43	−2.24	−0.14	2.62	0.75	0.74
大豆地	0.37	−2.03	−0.07	3.03	0.87	0.86
土豆地	0.2	−2.94	−0.05	3.48	0.64	0.63

由于选取的实验样地为黄土高原地区典型的农耕地，因此，将四种作物地的所有实验数据进一步模拟得到黄土高原地区典型农耕地的土壤分离能力模拟方程：

$$D_c = 0.87 e^{(-0.03RD - 0.23SC)}(\tau - 4.88) \quad R^2 = 0.91, \text{NSE} = 0.89 \quad （6-4）$$

在模拟方程（6-4）中，土壤分离能力的影响因素根重密度、土壤黏结力和坡面径流水流剪切力可以解释自变量土壤分离能力 91%的变量。总体而言，黄土高原地区典型农耕地土壤分离能力模拟方程（6-4）低估了土壤分离能力实测值的 11%。从决定系数 R^2 和模型有效系数 NSE 来判断，模拟方程（6-4）的模拟精度还是较高的。黄土高原地区典型农耕地土壤分离能力模拟值与实测值的效果图如图 6-8 所示。

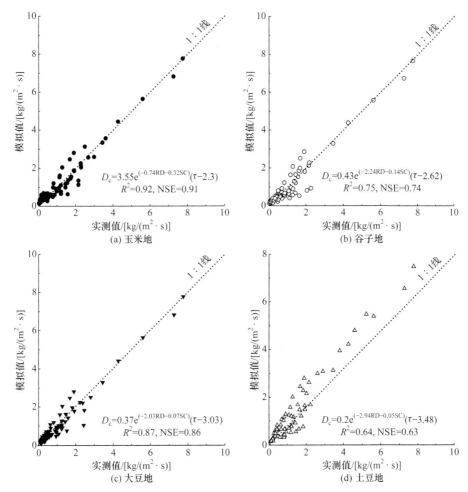

图 6-7 四种作物地土壤分离能力实测值与模拟值的关系

本书中，土壤分离能力的模拟方程受实验条件所限具有一定的局限性，只能够预测黄土高原地区典型农耕地作物生长季土壤分离能力的季节变化，并具有一定的偏差。如图 6-8 所示，实测的不同实验周期的土壤分离能力大部分小于 3.0kg/（m²·s），实测值之间偏差较大的原因可能是四种作物平均根径的不同。本书中，根据作物根系分类系统，大豆和土豆是直根系作物，它们的平均根径对土壤分离能力的影响是难以估量的，这一研究结果与 De Baets 等（2010）的研究结果相同。为了更有利于黄土高原地区土壤侵蚀过程模型的建立，在未来的研究中需要进一步考虑黄土高原地区不同植被类型、土壤类型和气候条件下植被平均根径对土壤侵蚀过程的影响。

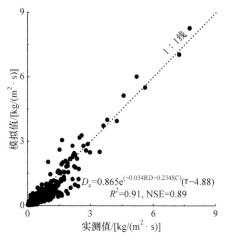

图 6-8 黄土高原地区典型农耕地土壤分离能力实测值与模拟值的关系

6.2 直根系退耕草地土壤分离能力季节变化

6.2.1 赖草地和紫花苜蓿地土壤分离能力季节变化特征

研究时间段为 4 月中旬至 9 月底，该时期是黄土高原地区赖草和紫花苜蓿退耕草地生长季，退耕 3 年的赖草地和退耕 17 年的紫花苜蓿地的土壤分离能力在 4 月中旬至 9 月底具有明显下降的季节变化趋势（$p<0.05$）（图 6-9）。赖草地与对照样地（谷子地）的土壤分离能力在 $\alpha=0.05$ 水平条件上没有显著性差异，紫花苜蓿地与对照样地（谷子地）的土壤分离能力在 $\alpha=0.05$ 水平条件上具有显著性差异。在赖草和紫花苜蓿生长季，赖草地土壤分离能力的变化范围为 $0.029\sim0.140$kg/（m²·s），是对照样地（谷子地）的 2.78%～36.22%。在整个生长季，赖草地土壤分离能力的平均值为 0.076kg/（m²·s），为对照样地（谷子地）平均值的 6.32%。紫花苜蓿地的土壤分离能力变化范围为 0.005～0.151kg/（m²·s），是对照样地（谷子地）的 2.84%～18.44%。紫花苜蓿地生长季土壤分离能力的平均值为 0.057kg/（m²·s），是对照样地（谷子地）平均值的 4.79%。本书中，赖草地的平均土壤分离能力较大，其次是紫花苜蓿地。由此可见，黄土高原地区退耕草地的土壤分离能力要远小于该区典型农耕地，这说明该区退耕草地抵抗土壤被径流冲刷的能力要远大于典型农耕地。因此，在黄土高原地区，退耕还草有助于降低土壤侵蚀强度，有利于水土保持。具体

而言，赖草和紫花苜蓿在 4 月中旬左右均处于返青阶段，此时，受土壤解冻的影响，土壤比较松散，抵抗坡面径流冲刷的能力较弱，两种退耕草地的土壤分离能力相对偏高。此后，随着赖草和紫花苜蓿盖度的增加、根系的生长和降水雨滴的击打等因素的综合影响，两种退耕草地的土壤分离能力整体上呈下降趋势。赖草地土壤分离能力在 8 月中旬种子散落初期下降至最低值 $0.029kg/(m^2 \cdot s)$；在赖草种子散落的高峰期和末期，土壤分离能力又呈上升趋势；在 9 月下旬赖草种子散落的末期，土壤分离能力又上升至 $0.061kg/(m^2 \cdot s)$，上升幅度为 108%。在紫花苜蓿退耕草地，紫花苜蓿经历了返青、旁枝形成、现蕾、开花、结荚、种子成熟初期和种子成熟末期等 7 个生长阶段，土壤分离能力在 $0.005 \sim 0.151kg/(m^2 \cdot s)$ 波动变化，变化幅度大约为 299%；在 4 月中旬返青期至 7 月中旬开花期，紫花苜蓿地的土壤分离能力下降趋势明显，下降幅度为 565%；从 7 月中旬的开花期至 9 月上旬的种子成熟初期，土壤分离能力在 $0.020kg/(m^2 \cdot s)$ 至 $0.023kg/(m^2 \cdot s)$ 之间波动，变化幅度相对较小，仅为 15%左右；在 9 月底种子成熟末期下降至最低值 $0.005kg/(m^2 \cdot s)$。从 4 月中旬返青期至 9 月底种子成熟末期，对照样地（谷子地）的土壤分离能力总体上呈下降趋势，在 4 月中旬土壤分离能力出现最大值 $5.04kg/(m^2 \cdot s)$，在 9 月底出现最小值 $0.17kg/(m^2 \cdot s)$，平均值为 $1.21kg/(m^2 \cdot s)$。总体而言，赖草地和紫花苜蓿地的土壤分离能力在 4 月中旬至 9 月底的生长季均具有明显的季节变化，并且两种退耕草地土壤分离能力的平均值要远小于对照样地（谷子地）的平均值，其原因可能是赖草地和紫花苜蓿地的土壤属性和根系生长特点不同。

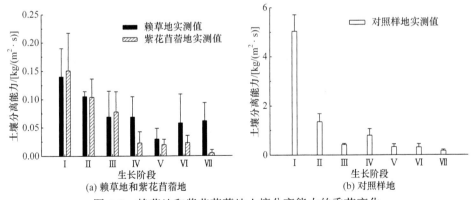

图 6-9 赖草地和紫花苜蓿地土壤分离能力的季节变化

在 4 月中旬至 9 月底生长季，赖草地、紫花苜蓿地和对照样地（谷子地）土壤分离能力的平均值分别为王军光等（2011）研究的亚热带湿润气候区红壤土壤分离能力[$0.026 \sim 0.18kg/(m^2 \cdot s)$]的 42%~290%、32%~220%和 666%~4589%，分别为 Zhang 等（2009）研究的黄土高原地区退耕年限 9 年飞播沙打旺（Astragalus adsurgens Pall.）草地结果的 2.81 倍、2.12 倍和 44.48 倍，研究结果的差异可能是坡面径流测量方法和土壤属性等因素不同所致。例如，本书中实验坡度的变化范围为 17.4%～42.3%，然而，王军光等（2011）的实验坡度变化范围为 8.8%～36.4%。本书单宽流量是王军光等（2011）实验中单宽流量的 1.4～1.42 倍。本书中所使用的坡面径流水流剪切力变化范围为 5.71～17.18Pa，王军光等（2011）研究中的坡面径流水流剪切力变化范围为 4.54～22.54Pa，其实验土壤黏粒含量是本书实验中土壤黏粒含量的 2.14～5.5 倍。因此，本书实验中所使用的土壤更容易被坡面径流冲刷并分离。本书的实验结果与 Zhang 等（2009）的实验结果不同，原因可能是本书实验中坡面径流冲刷的水动力条件较大。例如，本书实验中的单宽流量是 Zhang 等（2009）研究中单宽流量 0.0028m³/(s·m) 的 1～2.5 倍。本书中所使用的最大水流剪切力是 Zhang 等（2009）研究中水流剪切力（11.63Pa）的 1.48 倍。此外，Zhang 等（2009）研究中测得的根重密度是本书测得的根重密度的 1.09～6.52 倍，土壤分离能力随根重密度的增加呈指数函数形式降低（Yu et al.，2014；Zhang et al.，2009）。因此，本书测得的土壤分离能力结果较 Zhang 等（2009）测得的实验结果偏大。

6.2.2 赖草地和紫花苜蓿地土壤分离能力季节变化影响因素

在黄土高原地区坡面流土壤侵蚀中，退耕草地土壤分离能力在时间尺度上的变化与土壤属性的动态变化和植被根系生长密切相关（Yu et al.，2014；Zhang et al.，2009；Knapen et al.，2007）。在赖草和紫花苜蓿生长季，受降水、土壤硬化过程、土壤物理结皮发育、草地根系生长等多种作用的综合影响（Angulojaramillo et al.，2000；Imeson et al.，1990），两种退耕草地的土壤容重、土壤黏结力和土壤水稳性团聚体等土壤属性表现出了明显的季节变化趋势（图 6-10）。上述影响因素在生长季的动态变化可能是导致退耕草地土壤分离能力季节变化的关键因素。

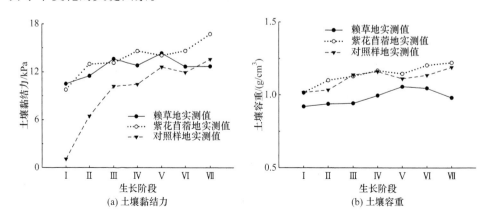

(a) 土壤黏结力　　(b) 土壤容重

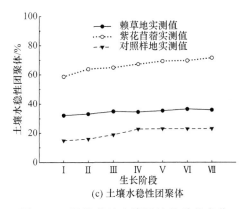

图 6-10 退耕草地土壤属性的季节变化

在赖草和紫花苜蓿生长季,土壤固结力影响土壤分离能力季节变化的表现主要反映在整个草地生长季土壤黏结力和土壤容重的增加[图 6-10(a)、(b)],它们使土壤变硬,并且难以被坡面径流冲刷和分离(Zhang et al., 2009; Knapen et al., 2007),从而导致土壤分离能力下降。通常,土壤黏结力较大时,土壤颗粒比较紧实,此时土壤抵抗坡面径流冲刷的能力较强,难以被坡面径流冲刷,土壤的分离能力相对较小。反之,土壤抵抗坡面径流冲刷的能力较弱,土壤的分离能力相对较大。在整个生长季,赖草地的土壤黏结力表现为先增加后降低的变化趋势[图 6-10(a)],变化范围为 10.51~14.33kPa,均值为 12.59kPa,最大值出现在 8 月中旬种子散落初期,最小值出现在 4 月中旬返青期。紫花苜蓿从 4 月中旬返青期到 9 月底种子成熟末期,土壤黏结力呈增加的变化趋势[图 6-10(a)],变化范围为 9.78~16.74kPa,均值为 13.7kPa,最大值出现在 9 月底种子成熟末期,最小值出现在 4 月中旬返青期,变异系数为 71.2%,属于中等变异性。在退耕草地生长季,近地表层土壤受到降水雨滴击打、草被盖度增加、土壤物理结皮发育、土壤生物活动和草被根系生长等多种因素的综合影响,土壤物理结构和土壤属性均发生了明显的变化,这可能影响土壤颗粒之间的黏结程度,从而导致退耕草地土壤分离能力发生改变。土壤容重对退耕草地土壤分离能力影响的机理与土壤黏结力对土壤分离能力影响的机理有些类似,这里不再赘述。指数方程拟合回归分析表明,赖草地和紫花苜蓿地的土壤分离能力与土壤黏结力和土壤容重在 $\alpha = 0.05$ 水平上呈指数显著负相关关系[图 6-11(a)、(b)],与 Morgan 等(1998)提出的 EUROSEM 模型及 Yu 等(2014)、De Baets 等(2010)、Zhang 等(2009)和 Knapen 等(2007)的研究结果较为一致。

在土壤侵蚀过程中,土壤水稳性团聚体也是衡量土壤侵蚀过程中阻力大小的重要参数(Barthès et al., 2002; Govers et al., 1990; Coote et al., 1988)。

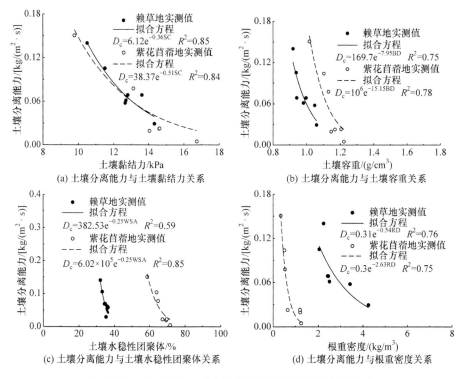

图 6-11 土壤分离能力与土壤属性和根重密度的关系

在整个退耕草地生长季，赖草地和紫花苜蓿地直径大于 0.25mm 的土壤水稳性团聚体呈现出增加的变化趋势，赖草地的土壤水稳性团聚体增加比较明显，整个生长季增加了 22%左右。在整个退耕草地生长季，土壤水稳性团聚体的增加可能引起土壤分离能力的变化，原因在于土壤中大颗粒水稳性团聚体的形成有助于增加土壤侵蚀阻力，这会导致土壤难以被坡面径流冲刷，从而难以被径流分离。指数拟合回归分析表明，随着赖草地和紫花苜蓿地土壤水稳性团聚体的增加，土壤分离能力呈指数函数形式降低［图 6-10（c）］。

在坡面流土壤侵蚀中，土壤分离能力也受到植被根系的显著影响（Zhang et al.，2013；Gyssels et al.，2006）。根系通过生长过程中根系网络串连等物理作用和根土黏结等化学作用来改变土壤中水稳性团聚体和有机质的含量，从而提高土壤抵抗径流冲刷和分离的能力。赖草地和紫花苜蓿地的土壤分离能力与根重密度呈指数负相关关系[图 6-11(d)]。这一研究结果与 Yu 等(2014)、De Baets 等（2010）、Zhang 等（2009）、Gyssels 等（2006）的研究结果较为一致，然而，与 Burylo 等（2012）在法国南部地区得出的植物减缓土壤侵蚀的潜能与细根百分含量呈正相关的重要认识不同。

6.2.3 赖草地和紫花苜蓿地土壤分离能力季节变化模拟

在坡面流土壤侵蚀过程中，土壤分离能力的测定在野外条件下通常是难以直接进行的。但是，该参数值的确定对于土壤侵蚀过程模型的建立是非常关键的。因此，在野外条件下，精确模拟赖草地和紫花苜蓿地土壤分离能力生长季的变化是非常必要的。

本书利用影响赖草地和紫花苜蓿地土壤分离能力生长季变化的重要因素土壤容重、根重密度和水动力条件（水流剪切力），并采用 SPSS 20.0 统计软件中非线性回归分析的方法，较好地模拟了两种退耕草地土壤分离能力生长季的变化：

$$D_c = a \cdot \exp\left(b \cdot \int BD + c \cdot \int RD\right) \cdot (\tau - d) \quad (6\text{-}5)$$

式中，D_c 为土壤分离能力 $[kg/(m^2 \cdot s)]$；BD 为土壤容重（g/cm^3）；RD 为根重密度（kg/m^3）；τ 为坡面径流水流剪切力（Pa）；a、b、c、d 分别为回归系数。

在模拟方程（6-5）中，自变量土壤分离能力 73% 和 81% 的变量能够由土壤容重、根重密度和坡面径流水流剪切力解释。总体来讲，模拟方程（6-5）分别高估和低估了紫花苜蓿地和赖草地土壤分离能力的 4% 和 2%。模拟方程（6-5）中决定系数 R^2 分别为 0.81 和 0.73，NSE 分别为 0.88 和 0.85（表 6-6）。相比之下，紫花苜蓿地土壤分离能力的模拟效果相对较好（图 6-12）。另外，土壤黏结力和土壤容重都是土壤硬化过程中的重要参数，但相对而言，土壤分离能力与土壤容重的相关系数要高于它与土壤黏结力的相关系数，这说明在退耕草地中土壤分离能力与土壤容重的关系可能更为密切。因此，在土壤分离能力模拟方程（6-5）中，仅考虑了土壤容重对土壤分离能力的影响。由于实验条件所限，本书只考虑了土壤容重、根重密度和坡面径流水动力条件（水流剪切力）对退耕草地土壤分离能力的影响，未考虑根系结构等参数以及其他土壤属性因素的影响，因此，两种退耕草地土壤分离能力模拟方程（6-5）具有一定的局限性。鉴于气候条件、地貌地形、土壤（土地利用）类型和植被类型等在黄土高原地区各个区域的差异，不同植被类型根系结构对土壤分离能力生长季变化的影响研究今后应该加强。

表 6-6 土壤分离能力模拟方程参数值

草地类型	a	b	c	d	R^2	NSE
赖草地	17.8	−6.486	−0.295	7.202	0.73	0.85
紫花苜蓿地	0.528	−2.477	−2.21	4.185	0.81	0.88

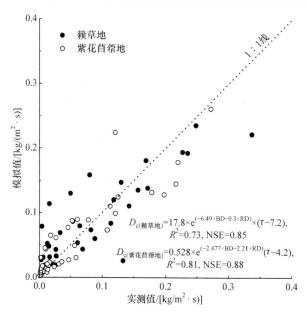

图 6-12 土壤分离能力模拟值与实测值的关系

6.3 须根系退耕草地土壤分离能力季节变化

6.3.1 冰草地和柳枝稷地土壤分离能力季节变化

在黄土高原地区冰草和柳枝稷生长季,冰草地(退耕 3 年)和柳枝稷地(退耕 17 年)的土壤分离能力呈现出下降的季节动态(图 6-13)。其中,冰草地土壤分离能力在 $\alpha=0.05$ 水平上下降趋势显著,柳枝稷地土壤分离能力在 $\alpha=0.05$ 水平上无显著变化趋势。冰草地和柳枝稷地与对照样地(谷子地)的土壤分离能力在 $\alpha=0.05$ 水平上没有显著性差异,两种草地的土壤分离能力在 $\alpha=0.05$ 水平上具有显著性差异。在两种草地生长季,冰草地土壤分离能力的变化范围为 $0.01\sim0.14\text{kg}/(\text{m}^2\cdot\text{s})$,平均值为 $0.07\text{kg}/(\text{m}^2\cdot\text{s})$;柳枝稷地土壤分离能力的变化范围为 $0.09\sim0.18\text{kg}/(\text{m}^2\cdot\text{s})$,平均值为 $0.12\text{kg}/(\text{m}^2\cdot\text{s})$。与对照样地(谷子地)相比,两种草地土壤分离能力的均值分别为对照样地(谷子地)均值的 5% 和 9%。由此可见,两种草地黄绵土的土壤分离能力要远小于对照样地(谷子地),这说明在黄土高原地区退耕还草有助于降低土壤侵蚀强度。具体来讲,冰草和柳枝稷在 4 月中旬均处于返青阶段,此时,两种草地(不同退耕年限)的土壤分离能力受解冻的影响相对较高。此后,两种草地开始进入生长季,在降水雨滴击打、草地盖度增加和根系生长等因素的影响下,冰草地和柳枝稷地的土壤分离能力表现为下降趋势。冰草地土壤分离能力在9月下旬种子成熟末期降到最小值0.01kg/（m²·s）。柳枝稷地经历了返青、分蘖、拔节孕穗、抽穗、开花结果、种子成熟等6个不同的生长阶段，土壤分离能力在0.09～0.18kg/（m²·s）波动，波动幅度大约为100%。从4月中旬返青期到6月中旬拔节孕穗期，柳枝稷地的土壤分离能力呈快速下降趋势，下降幅度为75.6%；从7月中下旬抽穗期到9月底种子成熟期，柳枝稷地的土壤分离能力变化范围为0.09～0.11kg/（m²·s），变化幅度较小，只有22%左右；在9月底种子成熟末期降到最小值0.09kg/（m²·s）。从4月中旬返青期到9月底种子成熟期，对照样地（谷子地）的土壤分离能力一直呈下降趋势，在4月中旬播种期出现最大值5.04kg/（m²·s），在9月底成熟期出现最小值0.17kg/（m²·s），均值为1.37kg/（m²·s）。总体而言，退耕3年冰草地的土壤分离能力在整个草地生长季具有显著的季节变化趋势，退耕17年柳枝稷地的土壤分离能力在$\alpha=0.05$水平上无显著的季节变化趋势。两种退耕草地的土壤分离能力要远小于对照样地（谷子地），这可能与两种不同退耕年限草地的土壤理化性质变化和根系生长特点关系密切。

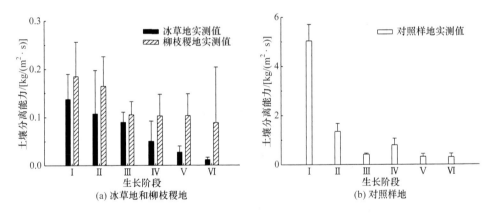

图6-13 冰草地和柳枝稷地土壤分离能力季节变化

6.3.2 退耕草地土壤分离能力影响因素

在冰草地和柳枝稷地生长季，受气候变化、土壤物理结皮发育和土壤自身沉降等因素的综合影响（Angulojaramillo et al., 2000; Imeson et al., 1990），土壤黏结力、土壤容重和土壤水稳性团聚体等均呈现出明显的季节动态变化（图6-14），这可能导致两种退耕草地土壤分离能力季节动态的变化。研究表明，冰草地和柳枝稷地在整个生长季土壤分离能力的变化与土壤理化性质动态和草地根系生长密切相关（表6-7）。

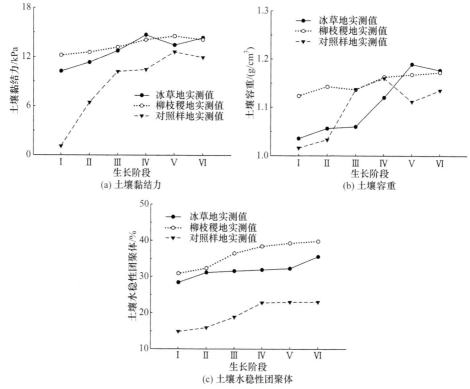

图 6-14 退耕草地土壤属性季节变化

表 6-7 土壤分离能力与土壤属性和根系参数关系矩阵

冰草地	土壤分离能力/ [kg/(m²·s)]	土壤黏结力/kPa	土壤容重/ (g/cm³)	水稳性团聚体/%	根重密度/ (kg/m³)
土壤分离能力	1.000	—	—	—	—
土壤黏结力	-0.829*	1.000	—	—	—
土壤容重	-0.928**	0.754	1.000	—	—
水稳性团聚体	-0.99**	0.829*	0.928**	1.000	—
根重密度	-0.99**	0.829*	0.928**	0.99**	1.000
柳枝稷地	土壤分离能力/ [kg/(m²·s)]	土壤黏结力/kPa	土壤容重/ (g/cm³)	水稳性团聚体/%	根重密度/ (kg/m³)
土壤分离能力	1.000	—	—	—	—
土壤黏结力	-0.829*	1.000	—	—	—
土壤容重	-0.886*	0.886*	1.000	—	—
水稳性团聚体	-0.943**	0.943**	0.943**	1.000	—
根重密度	-0.943**	0.943**	0.943**	0.99**	1.000

*$p<0.05$；**$p<0.01$。

以往的研究表明，随着土壤黏结力的增加，土壤分离能力呈下降趋势（Yu et al.，2014；Zhang et al.，2013，2009）。通常，土壤黏结力较大时，土壤颗粒之间往往比较紧实，此时土壤抵抗坡面径流冲刷的能力相对较强，难以被径流冲刷和分离，土壤的分离能力相对较小。反之，土壤抵抗坡面径流冲刷的能力相对较弱，土壤的分离能力相对较大。在整个生长季，冰草地和柳枝稷地土壤黏结力大致呈增加的变化趋势[图6-15（a）]，分别在10.25～14.37kPa和12.21～14.54kPa波动，平均值分别为12.82kPa和13.46kPa，冰草地土壤黏结力最大值出现在7月中旬孕穗期，柳枝稷地土壤黏结力最大值出现在8月上旬开花结果期，最小值均出现在4月中旬返青期。两种草地土壤黏结力的变异系数相对较小，分别为12%和6%，均属于弱变异性（Chartres，1986）。在冰草地和柳枝稷地生长季，近地表层土壤物理结皮的发育、土壤中生物的活动和根系生长等可能会引起土壤属性和土壤结构的变化，造成土壤黏结力变化，从而引起土壤分离能力的改变。研究表明，随着土壤黏结力的增加，冰草地和柳枝稷地的土壤分离能力呈指数函数形式下降[图6-15（a）]，与Morgan等（1998）提出的EUROSEM模型及De Baets等（2010）、Zhang等（2009）和Knapen等（2007）的研究结果相同。

以往黄土高原地区的研究表明，土壤容重与土壤分离能力呈负相关关系（Yu et al.，2014；Zhang et al.，2013，2009）。土壤容重较大时，土壤颗粒之间往往较为紧实，土壤孔隙度相对较小，坡面径流冲刷土壤需要克服的阻力较大，此时所导致的土壤分离能力较小。反之，土壤容重较小时，土壤颗粒之间往往比较疏松，或者有土壤裂隙发育，土壤容易被坡面径流冲刷并分离，此时所导致的土壤分离能力往往相对较大。在整个生长季，冰草地的土壤容重大致表现为先增加后降低的趋势［图6-15（b）］，变化范围为1.04～1.19g/cm³，平均值为1.11g/cm³，最大值出现在8月上旬开花期，最小值出现在4月中旬返青期。柳枝稷从4月中旬返青期到9月底种子成熟末期，土壤容重增加趋势明显［图6-15（b）］，变化范围为1.12～1.17g/cm³，平均值为1.15g/cm³，最大值出现在9月底种子成熟末期，最小值出现在4月中旬返青期，变异系数相对较小，为4.5%，属于弱变异性。在整个退耕草地生长季，土壤容重对土壤分离能力的影响与土壤黏结力对土壤分离能力的影响较为相似，不再重复。研究表明，冰草地和柳枝稷地的土壤分离能力与土壤容重间呈指数函数负相关关系［图6-15（b）］，与Yu等（2014）、De Baets等（2010）、Zhang等（2009）和Knapen等（2007）的研究结果较为一致。

土壤水稳性团聚体是量化土壤抵抗坡面径流冲刷侵蚀阻力能力的重要参数之一（Barthès et al.，2002；Govers et al.，1990；Coote et al.，1988）。在整个草地生长季，冰草地和柳枝稷地的土壤水稳性团聚体表现出增加的变化趋势，分别增加了13%和22%。在退耕草地生长季，土壤水稳性团聚体的增加有助于较大土壤颗粒水稳性团聚体的形成，有助于增强土壤抵抗坡面径流被侵蚀的能力，土壤会变得难以被冲刷和分离，从而导致土壤分离能力季节动态的变化。指数回归分析表明，冰草地和柳枝稷地的土壤分离能力随着土壤水稳性团聚体的增加呈指数函数形式下降[图6-15（c）]。

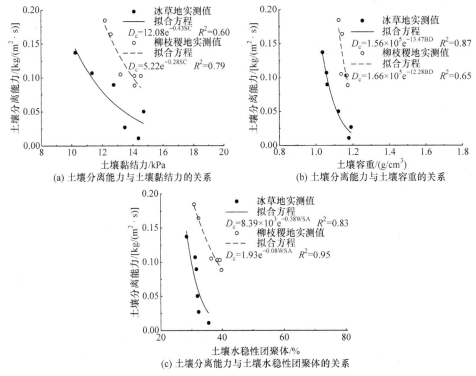

图6-15 退耕草地土壤分离能力与土壤属性关系

在坡面流土壤侵蚀过程中，植被根系对土壤分离能力也有显著的影响（Yu et al.，2014；Zhang et al.，2013；De Baets et al.，2010）。在植被生长过程中，根系主要通过网络串连等物理作用、根土黏结等化学作用以及根系的捆绑作用来改变土壤的结构和属性，从而提高土壤抵抗坡面径流被冲刷和分离的能力。研究表明，冰草地和柳枝稷地的土壤分离能力与根重密度呈指数函数负相关关系（图6-16）。这一研究结果与Yu等（2014）、De Baets等（2010）、Zhang等（2009）、Gyssels等（2006）的研究结果较为一致，与Burylo等（2012）在法国南部阿尔卑斯地区研究的土壤分离速率与刺槐、奥地利黑松、芨芨草等植被根重密度没有明显关系不同。本书中，整个退耕草地生长季，冰草地和柳枝稷地的平均根重密度分别为1.59kg/m³和1.38kg/m³，是Burylo等（2012）在法国阿尔卑斯地区研究结果刺槐、奥地利黑松和苜蓿草植被平均根重密度（0.03kg/m³，0.03kg/m³，0.09kg/m³）的15.32~52.89倍。研究结果的不同说明不同植被类型的根重密度单独减缓土壤侵蚀效应的作用可能存在差异，根系结构等其他特征参数也应该被考虑（De Baets et al.，2010，2007），植被根系直径和根重密度综合减缓土壤侵蚀过程效应作用的研究也是非常必要的。

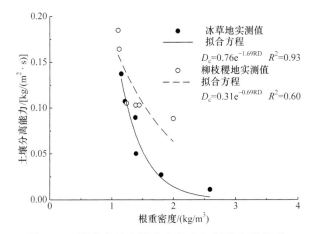

图 6-16　退耕草地土壤分离能力与根重密度关系

6.3.3　退耕草地土壤分离能力季节变化模拟

坡面流土壤侵蚀过程中，土壤分离能力这一重要参数在野外条件下是难以直接获取的。但是，它对土壤侵蚀过程模型的精确定量和模拟是非常重要的。根据土壤分离能力与其影响因素的定量函数关系，采用 SPSS 20.0 中非线性回归的方法，利用土壤容重、根重密度和坡面径流水流剪切力能够较好地模拟冰草地和柳枝稷地生长季土壤分离能力的变化：

$$D_c = a \cdot \exp(b \cdot \mathrm{BD} + c \cdot \mathrm{RD}) \cdot (\tau - d) \tag{6-6}$$

式中，D_c 为土壤分离能力 [kg/(m²·s)]；BD 为土壤容重（g/cm³）；RD 为根重密度（kg/m³）；τ 为坡面径流水流剪切力（Pa）；a、b、c、d 分别为回归系数。

在土壤分离能力模拟方程（6-6）中，土壤分离能力自变量 85% 和 82% 的变量能够被土壤容重、草地根重密度和坡面径流水流剪切力解释，这说明土壤容重和草地根重密度是影响冰草地和柳枝稷草地土壤分离能力季节动态变化的关键因素。土壤分离能力模拟方程（6-6）的决定系数 R^2 分别为 0.85 和 0.82，NSE 分别是 0.85 和 0.82（表 6-8）。两种退耕草地土壤分离能力的模拟效果如图 6-17 所示，模拟精度较高。土壤分离能力模拟方程（6-6）中只考虑了土壤容重、草地根系生长和坡面径流水流剪切力对两种草地土壤分离能力季节动态变化的影响，受实验条件所限根径等其他根系特征参数未考虑，因此，土壤分离能力模拟方程（6-6）具有一定的偏差。在黄土高原地区，受气候条件、植被类型和地貌条件等因素的影响，进一步研究包括根径在内的其他根系特征参数对土壤分离能力季节动态变化的影响是非常必要的。

表 6-8 土壤分离能力模拟方程参数值

模拟方程参数	草地类型	
	冰草地	柳枝稷地
a	133.31	698.06
b	−7.15	−8.88
c	−1.12	−0.14
d	6.08	6.34
R^2	0.85	0.82
NSE	0.85	0.82

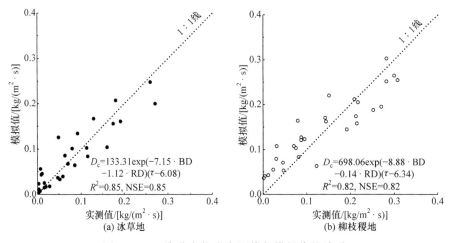

图 6-17 土壤分离能力实测值与模拟值的关系

6.4 本章小结

（1）在黄土高原地区典型农作物生长季，玉米地、谷子地、大豆地和土豆地的土壤分离能力在 $\alpha = 0.05$ 水平上呈现出显著的先升高再降低的季节动态变化趋势。四种作物地中，土豆地的平均土壤分离能力 [1.57kg/(m²·s)] 最大，其次是玉米地 [1.37kg/(m²·s)]，大豆地 [1.21kg/(m²·s)] 和谷子地 [1.15kg/

(m²·s)]相对较小；播种、锄草等农事活动，玉米、谷子、大豆和土豆等作物根系生长与土壤属性生长季的动态变化等可能是影响黄土高原地区典型农耕地土壤分离能力生长季变化的重要因素。四种作物地的土壤分离能力，随着作物根重密度增加、土壤黏结力和水稳性团聚体的增大呈指数函数形式降低；在黄土高原地区，利用玉米、谷子、大豆和土豆等四种作物根重密度、土壤黏结力和坡面径流水流剪切力能够较好地模拟典型农耕地土壤分离能力生长季的变化（$R^2=0.91$，NSE=0.89）。

（2）土壤黏结力、土壤容重、土壤水稳性团聚体等土壤属性的生长季动态变化和草地根系的生长可能是影响黄土高原地区赖草地和紫花苜蓿地土壤分离能力生长季动态变化的重要因素。随着土壤黏结力、土壤容重、土壤水稳性团聚体和根重密度的增加，赖草地和紫花苜蓿地两种退耕草地的土壤分离能力均呈指数函数形式下降。两种退耕草地土壤分离能力生长季的动态变化能够用土壤容重、根重密度和坡面径流水流剪切力较好地模拟。但是，由于该土壤分离能力模拟方程只考虑了土壤容重、根重密度和坡面径流水流剪切力等因素的影响，受实验条件所限，草地根系结构和其他土壤属性等因素尚未被考虑，因此，该土壤分离能力模拟方程具有一定的局限性。在整个草地生长季，两种退耕草地土壤分离能力的平均值分别是对照样地土壤分离能力平均值的6.32%和4.79%，这说明在黄土高原地区退耕还草有助于降低土壤侵蚀强度。

（3）在黄土高原地区冰草和柳枝稷生长季，两种退耕草地的土壤分离能力均表现为下降的季节变化趋势。其中，冰草地土壤分离能力的季节变化达到统计学显著性差异水平（$p<0.05$），柳枝稷地土壤分离能力在生长季没有统计学显著性差异水平（$p>0.05$）；冰草地和柳枝稷地土壤分离能力生长季的动态变化可能受控于土壤容重、土壤水稳性团聚体等土壤属性的季节动态变化和草地根系的生长等。在整个草地生长季，随着冰草地和柳枝稷地根重密度、土壤黏结力和土壤水稳性团聚体的增加，两种退耕草地土壤分离能力呈指数形式降低；在黄土高原地区退耕草地生长季，土壤分离能力的季节变化能够用土壤容重、根重密度和坡面径流水流剪切力较好地模拟，该模拟方程的精度相对较高。

参 考 文 献

王军光, 李朝霞, 蔡崇法, 等, 2011. 集中水流内红壤分离速率与团聚体特征及抗剪强度定量关系[J]. 土壤学报, 48(6): 1133-1140.

张光辉, 刘国彬, 2001. 黄土丘陵区小流域土壤表面特性变化规律研究[J]. 地理科学, 21(2): 118-122.

ANGULOJARAMILLO R, VANDERVAERE J P, ROULIER S, et al., 2000. Field measurement of soil surface hydraulic properties by disc and ring infiltrometers a review and recent developments[J]. Soil & Tillage Research, 55(1): 1-29.

BARTHÈS B, ROOSE E, 2002. Aggregate stability as an indicator of soil susceptibility to runoff and erosion; validation at several levels[J]. Catena, 47(2): 133-149.

BURYLO M, REY F, MATHYS N, et al., 2012. Plant root traits affecting the resistance of soils to concentrated flow erosion[J]. Earth Surface Processes & Landforms, 37(14): 1463-1470.

CHARTRES C J, 1986. Soil spatial variability[J]. Geoderma, 39(2): 158-159.

COOTE D R, MALCOLMMCGOVERN C A, WALL G J, et al., 1988. Seasonal variation of erodibility indices based on shear strength and aggregate stability in some ontario soils[J]. Canadian Journal of Soil Science, 68(2): 405-416.

DE BAETS S, POESEN J, 2010. Empirical models for predicting the erosion-reducing effects of plant roots during concentrated flow erosion[J]. Geomorphology, 118(3-4): 425-432.

DE BAETS S, POESEN J, GYSSELS G, et al., 2006. Effects of grass roots on the erodibility of topsoils during concentrated flow[J]. Geomorphology, 76(1): 54-67.

DE BAETS S, POESEN J, KNAPEN A, 2007. Impact of root architecture on the erosion-reducing potential of roots during concentrated flow[J]. Earth Surface Processes and Landforms, 32(9): 1323-1345.

DE BAETS S, TORRI D, POESEN J, et al., 2008. Modelling increased soil cohesion due to roots with eurosem[J]. Earth Surface Processes & Landforms, 33(13): 1948-1963.

GHIDEY F, ALBERTS E E, 1997. Plant root effects on soil erodibility, splash detachment, soil strength, and aggregate stability[J]. Transactions of the American Society of Agricultural Engineers, 40(1): 129-135.

GOVERS G, EVERAERT W, POESEN J, et al., 1990. A long flume study of the dynamic factors affecting the resistance of a loamy soil to concentrated flow erosion[J]. Earth Surface Processes & Landforms, 15(4): 313-328.

GYSSELS G, POESEN J, LIU G, et al., 2006. Effects of cereal roots on detachment rates of single-and double-drilled topsoils during concentrated flow[J]. European Journal of Soil Science, 57(3): 381-391.

IMESON A C, KWAAD F J P M, BOARDMAN J, et al., 1990. The response of tilled soils to wetting by rainfall and the dynamic character of soil erodibility[M]. Hoboken: John Wiley and Sons Ltd.

KNAPEN A, POESEN J, DE BAETS S, 2007. Seasonal variations in soil erosion resistance during concentrated flow for a loess-derived soil under two contrasting tillage practices [J]. Soil & Tillage Research, 94(2): 425-440.

MAMO M, BUBENZER G D, 2001. Detachment rate, soil erodibility, and soil strength as influenced by living plant roots, part ii: field study[J]. Transactions of the American Society of Agricultural Engineers, 44(5): 1175-1181.

MORGAN R P C, QUINTON J N, SMITH R E, et al., 1998. The European soil erosion model (EUROSEM): a dynamic approach for predicting sediment transport from fields and small catchments[J]. Earth Surface Processes & Landforms, 23(6): 527-544.

POTTER K N, GARCIA J D V, 2002. Use of a submerged jet device to determine channel erodibility coefficients of selected soils of Mexico[J]. Journal of Soil & Water Conservation,

57(5): 272-276.

REID W V, CHEN D, GOLDFARB L, et al., 2010. Earth system science for global sustainability: grand challenges[J]. Science, 330(6006): 916-917.

YU Y C, ZHANG G H, GENG R, et al., 2014. Temporal variation in soil detachment capacity by overland flow under four typical crops in the Loess Plateau of China[J]. Biosystems Engineering, 122(3): 139-148.

ZHANG G H, LIU G B, TANG K M, et al., 2008. Flow detachment of soils under different land uses in the Loess Plateau of China[J]. Transactions of the American Society of Agricultural Engineers, 51(3): 883-890.

ZHANG G H, TANG K M, REN Z P, et al., 2013. Impact of grass root mass density on soil detachment capacity by concentrated flow on steep slopes[J]. Transactions of the American Society of Agricultural Engineers, 56(3): 927-934.

ZHANG G H, TANG K M, ZHANG X C, 2009. Temporal variation in soil detachment under different land uses in the Loess Plateau of China[J]. Earth Surface Processes & Landforms, 34(9): 1302-1309.

第 7 章　土壤细沟可蚀性季节变化特征

　　土壤侵蚀是威胁未来农业粮食安全和社会经济发展的重要的环境问题之一。它不仅影响黄土高原地区的土地退化，而且也影响该区及其相邻地区的面源污染。随着全球气候变化导致极端天气的频繁出现和社会经济的快速发展，土地利用/植被覆盖变化驱动区域土壤侵蚀变化及其环境效应的相关研究备受学者们的关注，对土壤侵蚀过程驱动机制关注的日益增加，促进了土壤侵蚀过程控制的提高和土壤侵蚀过程机理模拟及预测理解的进一步深化。土壤侵蚀模拟和预测的过程模型是基于土壤侵蚀过程的数学表达式（函数）。目前，已有众多的学者研究和发展了这些基于土壤侵蚀过程的数学模型。其中，尤以美国的水蚀预报（Water Erosion Prediction Project，WEPP）模型最具代表性（Flanagan et al.，1995）。在我国黄土高原地区典型农作物生长季，典型农耕地土壤属性在降水、风力及耕作等农事活动的影响下具有明显的季节变化（Zhang et al.，2009），这可能导致土壤侵蚀过程中细沟可蚀性生长季的变化。但两者之间的定量关系及其影响机制很少有人研究，量化二者的数量关系并查明其驱动机制有助于黄土高原地区土壤侵蚀过程模型的建立。同时，精确评估该区细沟侵蚀和发展基于土壤侵蚀 WEPP 过程模型在我国黄土高原地区的应用和评价也是非常关键的。另外，20 世纪 90 年代以来，黄土高原实施了大面积退耕还林还草工程，截止到 2012 年，退耕面积达 $2.0×10^6 hm^2$。如此规模庞大的退耕还林还草工程，使黄土高原区域的植被得到了快速的恢复与重建，也提高了该区生态系统生产力、多样性和稳定性，从而使区域生态水文过程和土壤侵蚀过程发生了显著的改变。这也引起了流域水文过程、生态过程及近地表土壤特性的改变，导致土壤侵蚀过程发生相应的响应。受植被恢复与重建对侵蚀过程影响的时空变异特征、气候变化特征、地貌（地形）立地条件、退耕年限与模式等多种因素的综合影响，退耕驱动的土壤近地表特性变化对侵蚀过程的影响及其动力机制目前还不清楚。研究、模拟、揭示黄土高原地区区域土壤、生态、水文、侵蚀过程对退耕还林还草工程的响应及其动力机制，已成为目前地理学、土壤学、生态学、水文学及土壤侵蚀学等学科的研究前沿和热点。综上所述，深入、系统研究黄土高原地区典型农耕地和退耕驱动的土壤近地表特性变化对土壤侵蚀过程的影响，揭示典型农耕地作物生长和退耕对侵蚀过程影响的动力机制，建立适合于黄土高原地区的土壤分离能力计算模型和细沟侵蚀过程模型，对于深入理解该区退耕还林还草条件下土壤侵蚀水动力学机理、模拟侵蚀过程、评价退耕还林还草工程的水土保持效益与生态系统服务功能、制订区域水土保持战略以及促进土壤侵蚀与水土保持学科发展,具有重要的理论和实践意义。

土壤细沟可蚀性的计算采用土壤侵蚀过程 WEPP 模型公式（2-10）进行。将不同水动力条件下实际测量得到的土壤分离能力（D_c）与坡面径流水流剪切力（τ）数据用线性函数形式进行拟合,拟合得到的直线斜率就是土壤细沟可蚀性,用 K_r 表示。

实验过程分 12 个周期,每个周期依次测定玉米地、谷子地、大豆地等典型农耕地和赖草地、紫花苜蓿地、冰草地和柳枝稷地退耕草地的土壤分离能力（D_c）。其中,需要说明的是,土豆地测定了 11 个周期。每个实验周期均采用 6 组相同水动力条件的水流剪切力,将每个实验周期每个土壤样地的土壤分离能力与坡面径流水流剪切力数据用公式（2-10）进行拟合,即可得到每一个实验周期玉米地、谷子地、大豆地等典型农耕地和赖草地、紫花苜蓿地、冰草地和柳枝稷退耕草地的土壤细沟可蚀性 K_r 的值。

7.1 典型农耕地土壤分离能力与水流剪切力关系

在玉米作物生长季,玉米地的土壤分离能力随着水流剪切力的增加呈线性函数增加（图 7-1）。不同实验周期土壤分离能力与水流剪切力拟合关系式如表 7-1 所示。由表 7-1 可知,玉米地土壤分离能力与水流剪切力线性拟合决定系数 R^2 的范围为 0.73~0.99,83%以上的决定系数 R^2 大于 0.84,说明玉米地土壤分离能力与水流剪切力间具有较好的拟合关系。

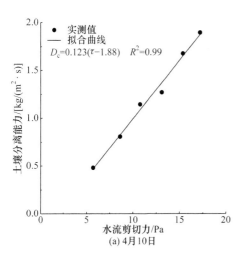
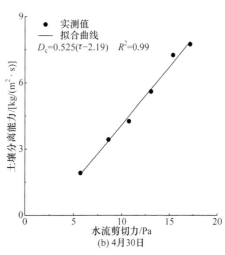

(a) 4月10日　　(b) 4月30日

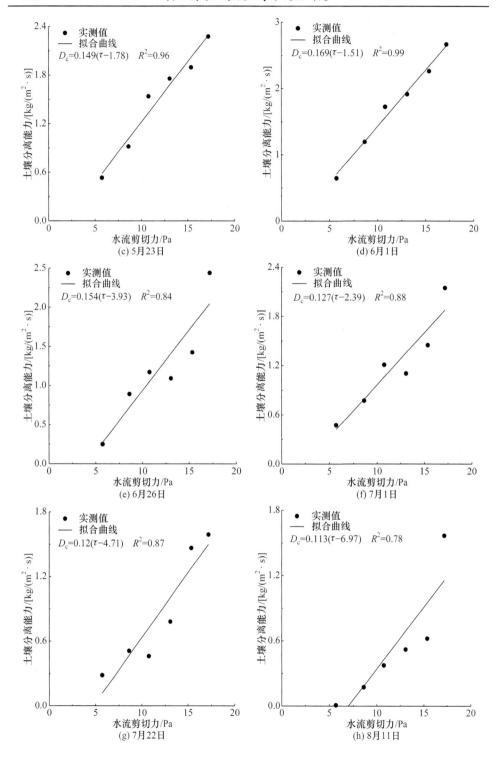

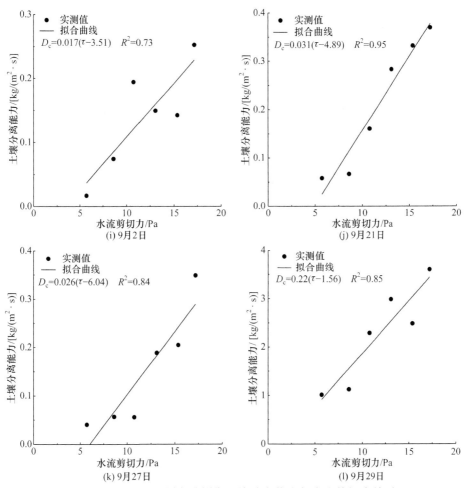

图 7-1 玉米地不同实验周期土壤分离能力与水流剪切力关系

表 7-1 玉米地不同实验周期土壤分离能力与水流剪切力关系

日期	回归方程	K_r/(s/m)	τ_c/Pa	R^2
4月10日	$D_c = 0.123(\tau-1.88)$	0.123	1.88	0.99
4月30日	$D_c = 0.525(\tau-2.19)$	0.525	2.19	0.99
5月23日	$D_c = 0.149(\tau-1.78)$	0.149	1.78	0.96
6月1日	$D_c = 0.169(\tau-1.51)$	0.169	1.51	0.99
6月26日	$D_c = 0.154(\tau-3.93)$	0.154	3.93	0.84
7月1日	$D_c = 0.127(\tau-2.39)$	0.127	2.39	0.88
7月22日	$D_c = 0.12(\tau-4.71)$	0.12	4.71	0.87
8月11日	$D_c = 0.113(\tau-6.97)$	0.113	6.97	0.78
9月2日	$D_c = 0.017(\tau-3.51)$	0.017	3.51	0.73

续表

日期	回归方程	K_r/(s/m)	τ_c/Pa	R^2
9月21日	$D_c=0.031(\tau-4.89)$	0.031	4.89	0.95
9月27日	$D_c=0.026(\tau-6.04)$	0.026	6.04	0.84
9月29日	$D_c=0.22(\tau-1.56)$	0.22	1.56	0.85

在谷子作物生长季，谷子地的土壤分离能力随着水流剪切力的增加也呈线性函数增加（图7-2）。土壤分离能力与水流剪切力的拟合关系式如表7-2所示。由表7-2可知，谷子地土壤分离能力与水流剪切力线性拟合决定系数R^2介于0.82~0.99，所有的决定系数R^2均大于0.82，这说明谷子地土壤分离能力与水流剪切力具有较好的线性关系。

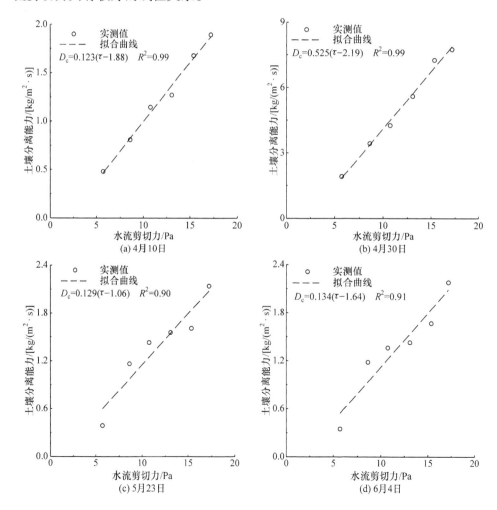

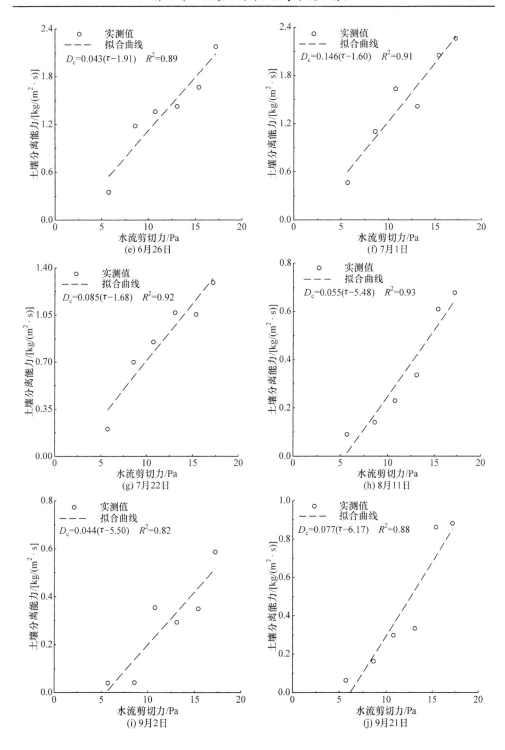

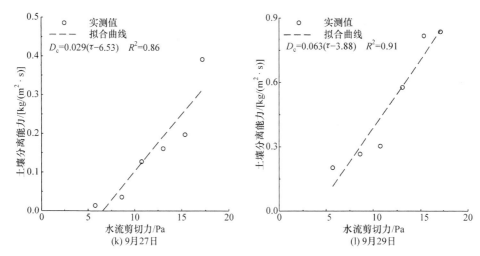

图 7-2 谷子地不同实验周期土壤分离能力与水流剪切力关系

表 7-2 谷子地不同实验周期土壤分离能力与水流剪切力关系

日期	回归方程	K_r/(s/m)	τ_c/Pa	R^2
4月10日	$D_c=0.123(\tau-1.88)$	0.123	1.88	0.99
4月30日	$D_c=0.525(\tau-2.19)$	0.525	2.19	0.99
5月23日	$D_c=0.129(\tau-1.06)$	0.129	1.51	0.90
6月4日	$D_c=0.134(\tau-1.64)$	0.134	1.64	0.91
6月26日	$D_c=0.043(\tau-1.91)$	0.043	1.91	0.89
7月1日	$D_c=0.146(\tau-1.60)$	0.146	1.60	0.91
7月22日	$D_c=0.085(\tau-1.68)$	0.085	1.68	0.92
8月11日	$D_c=0.055(\tau-5.48)$	0.055	5.48	0.93
9月2日	$D_c=0.044(\tau-5.50)$	0.044	5.50	0.82
9月21日	$D_c=0.077(\tau-6.17)$	0.077	6.17	0.88
9月27日	$D_c=0.029(\tau-6.53)$	0.029	6.53	0.86
9月29日	$D_c=0.063(\tau-3.88)$	0.063	3.88	0.91

在大豆作物生长季,大豆地的土壤分离能力随着水流剪切力的增加呈线性函数增加(图 7-3)。土壤分离能力与水流剪切力线性拟合关系式如表 7-3 所示。由表 7-3 可知,大豆地土壤分离能力与水流剪切力关系决定系数 R^2 介于 0.76~0.99,83%的决定系数 R^2 大于 0.81,说明大豆地土壤分离能力与水流剪切力具有较好的线性关系。

第7章 土壤细沟可蚀性季节变化特征

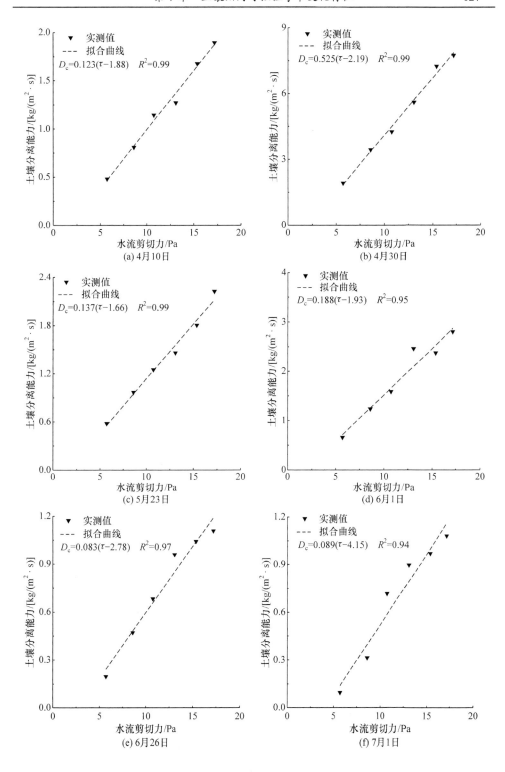

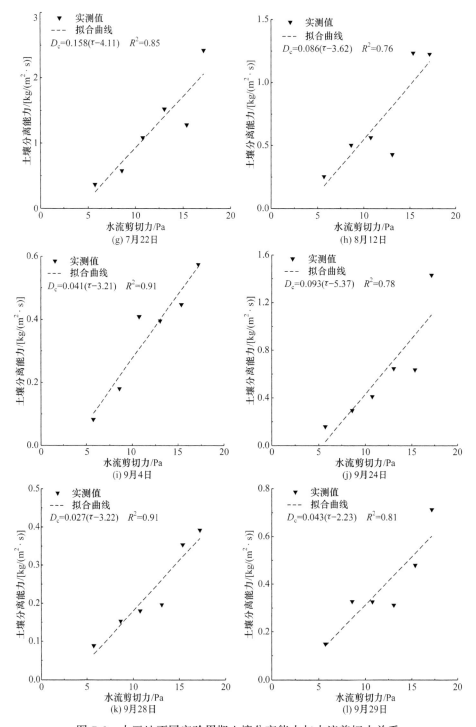

图 7-3 大豆地不同实验周期土壤分离能力与水流剪切力关系

表 7-3　大豆地不同实验周期土壤分离能力与水流剪切力关系

日期	回归方程	K_r/(s/m)	τ_c/Pa	R^2
4月10日	$D_c = 0.123(\tau - 1.88)$	0.123	1.88	0.99
4月30日	$D_c = 0.525(\tau - 2.19)$	0.525	2.19	0.99
5月23日	$D_c = 0.137(\tau - 1.66)$	0.137	1.66	0.99
6月1日	$D_c = 0.188(\tau - 1.93)$	0.188	1.93	0.95
6月26日	$D_c = 0.083(\tau - 2.78)$	0.083	2.78	0.97
7月1日	$D_c = 0.089(\tau - 4.15)$	0.089	4.15	0.94
7月22日	$D_c = 0.158(\tau - 4.11)$	0.158	4.11	0.85
8月12日	$D_c = 0.086(\tau - 3.62)$	0.086	3.62	0.76
9月4日	$D_c = 0.041(\tau - 3.21)$	0.041	3.21	0.91
9月24日	$D_c = 0.093(\tau - 5.37)$	0.093	5.37	0.78
9月28日	$D_c = 0.027(\tau - 3.22)$	0.027	3.22	0.91
9月29日	$D_c = 0.043(\tau - 2.23)$	0.043	2.23	0.81

在土豆作物生长季,土豆地的土壤分离能力随着水流剪切力的增加呈线性函数增加(图 7-4)。土壤分离能力与水流剪切力线性拟合关系式如表 7-4 所示。由表 7-4 可知,土豆地土壤分离能力与水流剪切力关系决定系数 R^2 介于 0.71~0.99,73%的决定系数 R^2 大于 0.80,说明土豆地土壤分离能力与水流剪切力也具有较好的线性关系。

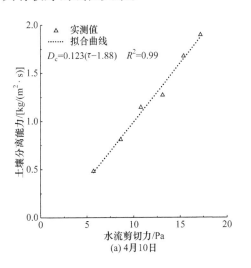
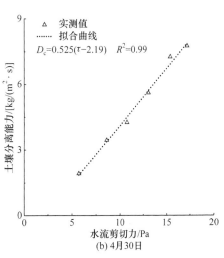

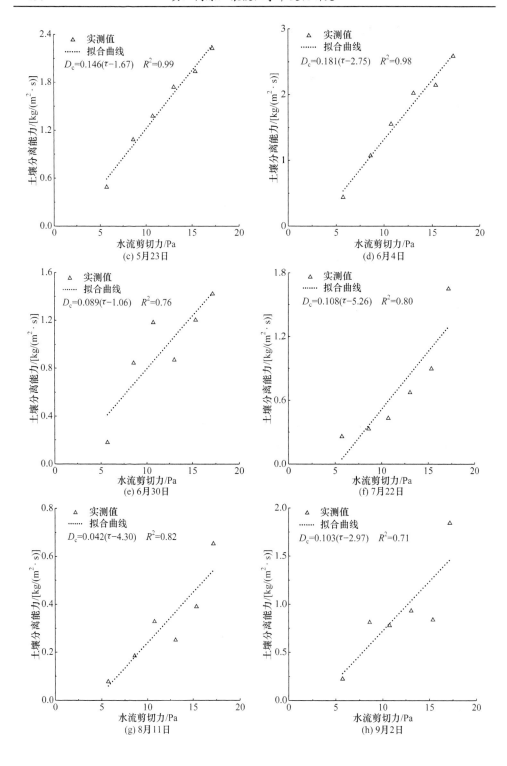

第7章 土壤细沟可蚀性季节变化特征

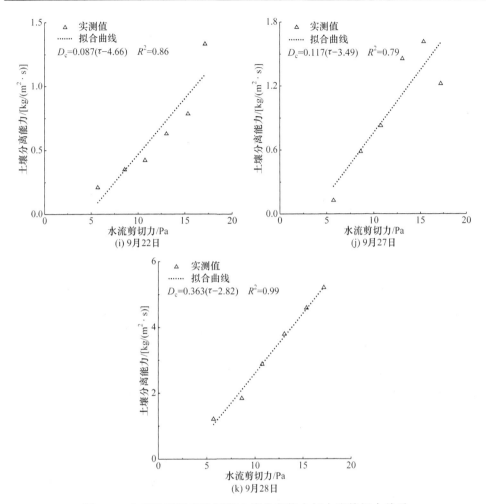

图 7-4 土豆地不同实验周期土壤分离能力与水流剪切力关系

表 7-4 土豆地不同实验周期土壤分离能力与水流剪切力关系

日期	回归方程	K_r/(s/m)	τ_c/Pa	R^2
4月10日	$D_c = 0.123(\tau - 1.88)$	0.123	1.88	0.99
4月30日	$D_c = 0.525(\tau - 2.19)$	0.525	2.19	0.99
5月23日	$D_c = 0.146(\tau - 1.67)$	0.146	1.67	0.99
6月4日	$D_c = 0.181(\tau - 2.75)$	0.181	2.75	0.98
6月30日	$D_c = 0.089(\tau - 1.06)$	0.089	1.06	0.76
7月22日	$D_c = 0.108(\tau - 5.26)$	0.108	5.26	0.80
8月11日	$D_c = 0.042(\tau - 4.30)$	0.042	4.30	0.82

续表

日期	回归方程	K_r/(s/m)	τ_c/Pa	R^2
9月2日	$D_c = 0.103(\tau - 2.97)$	0.103	2.97	0.71
9月22日	$D_c = 0.087(\tau - 4.66)$	0.087	4.66	0.86
9月27日	$D_c = 0.117(\tau - 3.49)$	0.117	3.49	0.79
9月28日	$D_c = 0.363(\tau - 2.82)$	0.363	2.82	0.99

7.2 典型农耕地土壤细沟可蚀性季节变化

7.2.1 典型农耕地土壤细沟可蚀性季节变化特征

在黄土高原地区四种典型作物生长季，玉米地、谷子地、大豆地和土豆地土壤细沟可蚀性在 $\alpha = 0.05$ 水平上表现出了升高-降低的生长季变化趋势（图7-5，表7-5）。除了收获时期外，土壤细沟可蚀性表现出了较为相似的生长季变化趋势。土豆地的平均土壤细沟可蚀性最大，为0.171s/m；其次是玉米地，最大值为0.146s/m；大豆地和谷子地的值相对较小，分别为0.133s/m和0.123s/m。在4月上旬，四种作物地土壤细沟可蚀性值相对较小。受翻耕农事活动的影响，四种作物地的土壤细沟可蚀性从0.123s/m显著增加到0.525s/m，在 $\alpha = 0.05$ 水平上达到统计学显著性差异水平（$p=0.018$），并达到作物生长季中的最大值。然后，在降水雨滴击打作用和土体本身重力沉降作用的影响下，近地表层的土壤变得逐渐紧实，土壤黏结力和土壤容重增加（图4-1，图4-2），玉米地、谷子地、大豆地和土豆地的土壤细沟可蚀性快速下降。6月份以后，雨季到来，随着作物盖度的增加、土壤硬化过程的增强和作物根系的生长，且在锄草等农事活动的干扰下，四种作物地的土壤细沟可蚀性表现为下降趋势（图7-5）。在9月上旬，玉米地、谷子地和大豆地的土壤细沟可蚀性达到最小值，而后略有增加；在8月上旬，土豆地的土壤细沟可蚀性达到最小值，而后随着土豆块茎的生长，地表裂隙的发育，土壤细沟可蚀性又有所增加。在9月底，受收获农事活动的影响，玉米地和土豆地的土壤细沟可蚀性分别增加了849%和208%，并在 $\alpha = 0.05$ 水平上达到统计学显著性差异水平；谷子地和大豆地的土壤细沟可蚀性分别增加了63%和95.7%，在 $\alpha = 0.05$ 水平上未达到显著性差异水平。农事活动对近地表土壤干扰程度的大小决定着农事活动对土壤细沟可蚀性影响的强弱，并随着时间的变化和作物根系类型的不同而发生改变（Zhang et al., 2009）。农事活动不仅增加了土壤细沟可蚀性（De Baets et al.,

2008；Potter et al.，2002），而且使作物地近地表层的土壤变得比其他土地利用类型的土壤更容易被径流冲刷和分离（Zhang et al.，2009，2008），本书研究的结果与该结论较为一致。

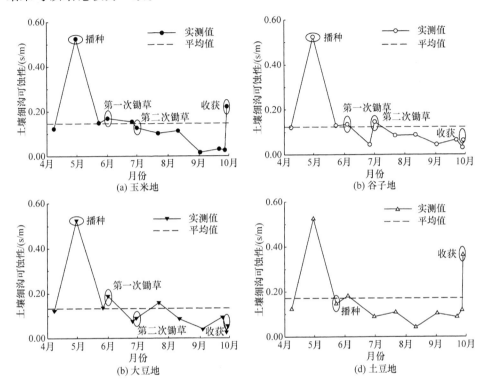

图 7-5　典型农耕地土壤细沟可蚀性季节变化

实验中翻耕后的最大土壤细沟可蚀性（0.525s/m）是 Knapen 等（2007）研究结果（0.05s/m）的 10.6 倍，是土壤侵蚀过程 WEPP 模型（Flanagan et al.，1995）中土壤细沟可蚀性基准值（0.02s/m）的 26.3 倍。研究结果差异可能是土壤属性和测量方法的不同导致（Knapen et al.，2007；Flanagan et al.，1995）。

表 7-5　土壤细沟可蚀性季节变化 Kendall's W 显著性检验

作物地	Kendall's W	显著性水平（p）
玉米地	0.685	0.001**
谷子地	0.798	0.006**
大豆地	0.877	0.002**
土豆地	0.673	0.028*

**$p<0.01$（双尾）；*$p<0.05$（双尾）。

7.2.2 典型农耕地土壤细沟可蚀性季节变化影响因素

在黄土高原地区典型作物生长季，四种作物地的土壤细沟可蚀性生长季变化与土壤属性和根系生长密切相关（表7-6）。在实验周期内，玉米地、谷子地、大豆地和土豆地的土壤黏结力、土壤容重和土壤初始含水量均呈现出了显著的生长季变化（图4-1～图4-3），四种作物地的土壤水稳性团聚体则呈现出增加的生长季变化趋势（图4-4）。农事活动、土壤物理结皮发育、土壤硬化过程和作物根系生长等可能是导致近地表层土壤属性生长季变化的主要原因，土壤属性的季节动态变化势必影响土壤细沟可蚀性生长季的变化。

表7-6 土壤细沟可蚀性与土壤属性和根系的Spearman相关系数

作物地	土壤黏结力/Pa	土壤容重/(g/m^3)	土壤初始含水量/%	土壤水稳性团聚体/%	根重密度/(kg/m^3)
玉米地	-0.862**	-0.967**	-0.406	-0.943**	-0.893**
谷子地	-0.753**	-0.594*	-0.678*	-0.600	-0.886*
大豆地	-0.841**	-0.399	-0.488	-0.657	-0.486
土豆地	-0.927**	-0.800**	-0.164	-0.886*	-0.600

**$p<0.01$（双尾）；*$p<0.05$（双尾）。

1. 农事活动

在黄土高原地区典型作物生长季，四种作物地土壤细沟可蚀性生长季变化明显受到农事活动的影响（图7-6）。播种农事活动对作物地土壤细沟可蚀性具有重要影响。例如，玉米、谷子和大豆采用播种机播种，播种后，玉米地、谷子地和土豆地的土壤细沟可蚀性均增加了430%，在$\alpha=0.05$水平上达到显著性差异水平。土豆采用人工播种方式，播种后，土豆地的土壤细沟可蚀性增加了30%，播种前后的土壤细沟可蚀性在$\alpha=0.05$水平上未达到显著性差异水平（$p=0.197$）。两次锄草农事活动均增加了作物地的土壤细沟可蚀性。在第一次锄草农事活动中，玉米地和谷子地的土壤细沟可蚀性依次增加了13.4%和4.8%，在$\alpha=0.05$水平上未达到统计学显著性差异水平，大豆地的土壤细沟可蚀性增加了36.7%，在$\alpha=0.05$水平上达到显著性差异水平。第二次锄草使谷子地和大豆地的土壤细沟可蚀性分别增加310%和7.9%，谷子地增加幅度在$\alpha=0.05$水平上达到显著性差异水平，玉米地的土壤细沟可蚀性在$\alpha=0.05$水平上没有显著增加。在9月底收获时期，与收获前相比，收获农事活动分别使玉米地、谷子地、大豆地和土豆地土壤细沟可蚀性增加了849%、63%、95.7%和208%。由于玉米地和土豆地采用人工锄的收获方式，收获时60%～70%的近地表层土壤表面几乎被彻底破坏，这导致玉米地和土豆地的土壤细沟可蚀性增加幅度非常明显，并在 $\alpha = 0.05$ 水平上达到显著性差异水平。谷子地和大豆地采用人工镰刀收割的方法，对近地表层土壤扰动相对较小，因此，收获农事活动使土壤细沟可蚀性的增加幅度相对较小，在 $\alpha = 0.05$ 水平上未达到显著性差异水平。农事活动对近地表层土壤干扰程度的大小决定着农事活动对土壤细沟可蚀性影响的大小，并随着时间和作物类型的改变而变化。

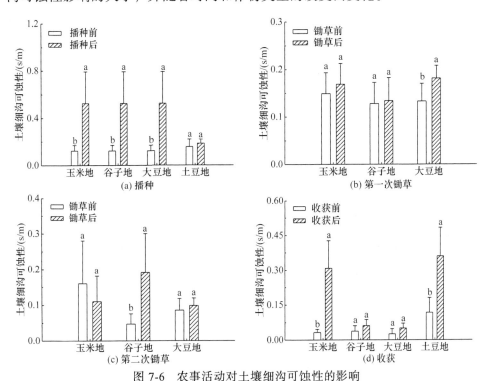

图 7-6 农事活动对土壤细沟可蚀性的影响

2. 土壤属性

黄土高原地区典型农耕地土壤细沟可蚀性与土壤容重的关系如图 7-7 所示。玉米地、谷子地、大豆地和土豆地的土壤细沟可蚀性随着土壤容重的增加呈线性函数形式降低。四种作物地土壤分离能力与土壤容重的关系存在着一定差异（图 7-7）。谷子地土壤分离能力与土壤容重的相关性方程斜率最大，为 1.76；其次为大豆地和玉米地，分别为 1.47 和 1.45；土豆地相关性方程斜率相对较小，为 0.92。这说明谷子地土壤容重对土壤细沟可蚀性生长季改变的速度要比玉米地、大豆地和土豆地快。Ghebreiyessus 等（1994）在相同坡面流条件下研究了两种不同土壤容重土壤的分离能力，结果表明土壤容重为 $1.2g/cm^3$ 土样的土壤分离能力是土壤容重为 $1.4g/cm^3$ 土样的 550%，土壤细沟可蚀性是其

470%，因此，土壤容重越大，土壤细沟可蚀性就越小。

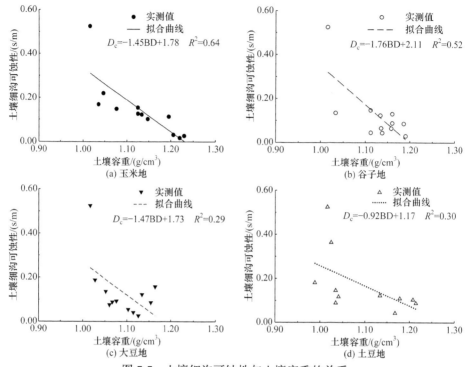

图 7-7 土壤细沟可蚀性与土壤容重的关系

在作物生长季，土壤容重生长季变化对土壤细沟可蚀性生长季变化有显著的影响。对比土壤细沟可蚀性季节变化图（图 7-5）与土壤容重季节变化图（图 4-1）发现，在 4 月中旬，玉米地、谷子地、大豆地和土豆地的土壤容重较大，与之相对应的土壤细沟可蚀性则较小。在播种农事活动的影响下，四种作物地的土壤容重快速下降，此时与之相对应的玉米地、谷子地和大豆地等三种作物地土壤的细沟可蚀性则由 0.123s/m 增加到 0.525s/m，并在 $\alpha = 0.05$ 水平上达到显著性差异水平。此后，四种作物地近地表层的土壤在降水雨滴击打作用和土体本身重力沉降作用的影响下变得逐渐紧实，土壤容重变大，土壤细沟可蚀性则变小。6 月份以后，四种作物地土壤容重随雨季来临、作物盖度增加、根系生长和土壤硬化过程的增强整体上呈增加趋势（图 4-1），与之相对应的土壤细沟可蚀性则呈下降趋势（图 7-5）。这一研究结果与 Ghebreiyessus 等（1994）、Morrison 等（1994）、Hanson（1996）和 Bennett 等（2000）土壤细沟可蚀性随土壤容重的增大逐渐变小的研究结果较为一致。

黄土高原地区典型农耕地土壤细沟可蚀性与土壤黏结力的关系如图 7-8 所示。四种作物地土壤细沟可蚀性随着土壤黏结力的增加呈指数函数形式下降。

玉米地、谷子地、大豆地和土豆地的土壤黏结力与土壤细沟可蚀性的关系差异较小。四种作物地土壤黏结力与土壤细沟可蚀性相关性方程的关系指数依次为0.21、0.18、0.17和0.15，差异较小，说明四种作物地土壤黏结力对土壤细沟可蚀性生长季改变的变化较为一致。

在黄土高原地区作物生长季，四种作物地土壤黏结力生长季变化的波动明显影响土壤细沟可蚀性的季节变化（图7-8）。对比土壤细沟可蚀性季节变化图（图7-8）与土壤黏结力季节变化图（图4-2）发现，4月下旬播种以后，在降水雨滴击打作用和土体本身重力沉降作用的影响下，四种作物地的土壤细沟可蚀性开始变小。6月份以后，随着土壤黏结力的增加，土壤细沟可蚀性进一步降低，玉米地、谷子地和大豆地的土壤黏结力在9月下旬达到最大值，与之相应的三种作物地的土壤细沟可蚀性在9月下旬达到最小值，土豆地土壤细沟可蚀性在8月上旬达到最小值，此后随着土豆块茎的生长，地表裂缝（隙）的发育，土壤细沟可蚀性又呈增加趋势。

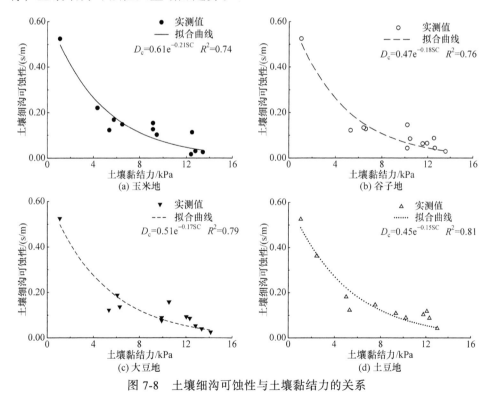

图7-8 土壤细沟可蚀性与土壤黏结力的关系

随着土壤黏结力的增加，四种作物地的土壤细沟可蚀性降低（图7-8）。张光辉等（2001）对黄土高原小流域不同土地利用类型土壤黏结力随时间变化的研究表明，荒坡和灌木的土壤黏结力最大，其次是林地，果园和农耕地的土壤黏结力最小,因此得出荒坡地抵抗坡面径流冲刷的能力最强,土壤细沟可蚀性最小,农耕地抵抗坡面径流冲刷的能力最弱,土壤细沟可蚀性最大的结论。研究结果与 Knapen 等(2007)和张光辉等(2001)的研究结果相同。

在作物生长季,玉米地、谷子地、大豆地和土豆地的土壤初始含水量随着时间的增加表现为略微增加的生长季变化趋势(图 4-3),与土壤细沟可蚀性生长季呈反相位变化。线性回归分析表明,随着土壤初始含水量的增加,土壤细沟可蚀性降低(图 7-9)。玉米地、谷子地、大豆地和土豆地的土壤初始含水量与土壤细沟可蚀性的关系差异相对较小。用土壤初始含水量来描述与土壤细沟可蚀性的关系时,四种作物地土壤黏结力与土壤细沟可蚀性的相关性方程斜率均为 0.01,说明玉米地、谷子地、大豆地和土豆地的土壤初始含水量对土壤细沟可蚀性的改变几乎没有差异。研究结果与 Knapen 等(2007)的研究结果相同。

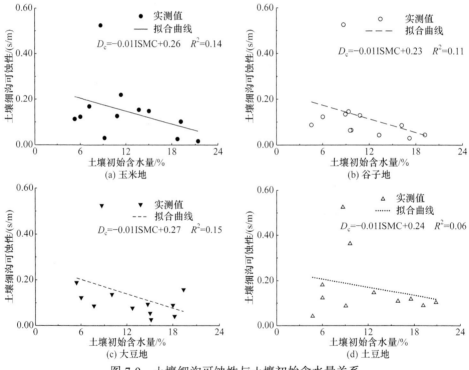

图 7-9 土壤细沟可蚀性与土壤初始含水量关系

在作物生长季,玉米地、谷子地、大豆地和土豆地的水稳性团聚体呈增加的变化趋势,玉米地土壤水稳性团聚体的增加幅度为 111%、谷子地为 59%、大豆地为 58%,土豆地的增加幅度较小(图 4-4)。作物生长季土壤水稳性团聚体的增加有助于近地表层土壤抵抗坡面径流冲刷能力的提高,并进一步影响到土壤细沟可蚀性生长季的变化。指数拟合分析结果表明,随着土壤水稳性团聚体的增加，四种作物地的土壤细沟可蚀性呈指数函数形式下降（图 7-10）。研究结果与 Barthès 等（2002）、Rachman 等（2003）和周正朝等（2006）的研究结果较为一致。

玉米地、谷子地、大豆地和土豆地的土壤水稳性团聚体与土壤细沟可蚀性的关系存在差异（图 7-10）。用土壤水稳性团聚体来描述与土壤细沟可蚀性的关系时，玉米地、谷子地、大豆地和土豆地土壤水稳性团聚体与土壤细沟可蚀性相关性方程的关系指数依次为 0.18、0.18、0.22 和 1.1，指数方程前面的关系系数依次为 4.54、3.39、8.61 和 3×10^6，说明四种作物地土壤水稳性团聚体与土壤细沟可蚀性的改变存在差异。比较而言，玉米地和大豆地土壤水稳性团聚体对土壤细沟可蚀性的改变相对快，谷子地和土豆地土壤水稳性团聚体对土壤细沟可蚀性的改变相对慢。

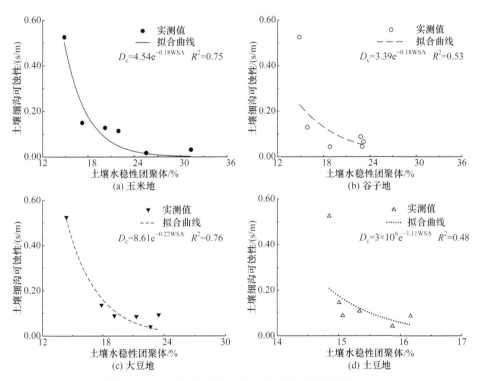

图 7-10 土壤细沟可蚀性与土壤水稳性团聚体关系

3. 根系

在作物生长季，土壤细沟可蚀性也受到根系生长的显著影响（图 7-11）。其影响机理已在根系对土壤分离能力的影响部分进行了详细论述，这里不再赘述。通常，随着植被根系的生长，土壤分离速率呈指数函数降低（Zhang et al.,

2013；Gyssels et al., 2006；李勇等, 1992, 1991）。另外, 植被根系结构的差异也会影响土壤细沟可蚀性大小的变化。De Baets 等（2010）的研究表明, 直根系植被抵抗土壤分离的能力小于须根系, 并且土壤相对侵蚀速率与直根系的根径呈正相关关系。土壤细沟可蚀性与作物根重密度呈指数负相关关系（图 7-11）。

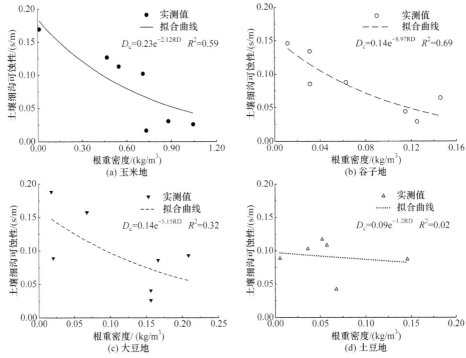

图 7-11 土壤细沟可蚀性与根重密度的关系

模拟方程（7-1）给出了玉米地、谷子地、大豆地和土豆地土壤细沟可蚀性（K_r, s/m）与根重密度（RD, kg/m³）的函数关系表达式：

$$K_r = a \times e^{b \times RD} \tag{7-1}$$

式中, RD 为根重密度（kg/m³）; a 和 b 为回归参数（表 7-7）。

表 7-7 典型农耕地土壤细沟可蚀性模拟方程

作物地	模拟方程								
	$K_r = a \times e^{b \times RD}$				$K_r = a \times e^{(b \times RD + c \times D)}$				
	a	b	R^2	NSE	a	b	c	R^2	NSE
玉米地	0.185	−1.399	0.703	0.699	0.245	−1.502	−9.606	0.742	0.735

续表

作物地	模拟方程								
	$K_r = a \times e^{b \times RD}$				$K_r = a \times e^{(b \times RD + c \times D)}$				
	a	b	R^2	NSE	a	b	c	R^2	NSE
谷子地	0.155	−9.672	0.788	0.791	0.118	−8.011	7.035	0.820	0.819
大豆地	0.158	−4.954	0.421	0.420	0.251	−7.217	−6.963	0.447	0.447
土豆地	0.097	−1.135	0.031	0.032	0.149	−0.625	−20.907	0.636	0.520

模拟方程（7-1）的决定系数 R^2 的范围为 0.031～0.788。这一研究结果表明，直根系作物抵抗土壤被坡面径流分离的能力要弱于须根系作物。在抵抗土壤被坡面径流分离的能力中，四种作物地中土豆地相对较弱。当平均根径 D 引入模拟方程（7-1）中时，模拟方程的精度有所提高，其中土豆地模拟方程提高的幅度相对较大（表 7-7）。但是，如表 7-7 所示，四种作物地土壤细沟可蚀性模拟方程回归参数 c 的值有所不同，玉米地、大豆地和土豆地是负值，谷子地是正值，这一研究结果与 De Baets 等（2010，2007）土壤分离能力随根径增加而增加的认识是不同的，说明平均根径并不是很好的模拟土壤细沟可蚀性的参数。

7.2.3 典型农耕地土壤细沟可蚀性季节变化模拟

在野外实验条件下，坡面流侵蚀过程中土壤细沟可蚀性往往是难以直接测量的。因此，利用易于测量的土壤属性建立模型来估算土壤细沟可蚀性是非常必要的。结合土壤容重、土壤黏结力、土壤初始含水量和作物根重密度间的 Spearman 关系矩阵（表 7-8）反映的各个参数之间的关系，利用根重密度、土壤黏结力和土壤初始含水量建立土壤细沟可蚀性模拟方程：

$$K_r = e^{(d \times RD + e \times SC + f \times ISMC)} \quad (7-2)$$

表 7-8　根重密度与土壤属性之间的 Spearman 关系矩阵

玉米地	RD	SC	ISMC	BD	谷子地	RD	SC	ISMC	BD
RD	1.00	—	—	—	RD	1.00	—	—	—
SC	0.893**	—	—	—	SC	0.345	—	—	—
ISMC	0.464	0.322	—	—	ISMC	0.174	0.532	—	—
BD	0.929**	0.895**	0.35	1.00	BD	−0.065	0.588*	0.378	1.00

续表

大豆地	RD	SC	ISMC	BD	土豆地	RD	SC	ISMC	BD
RD	1.00	—	—	—	RD	1.00	—	—	—
SC	0.63*	—	—	—	SC	0.887**	—	—	—
ISMC	0.341	0.616*	—	—	ISMC	0.324	0.191	—	—
BD	0.476	0.55	0.364	1.00	BD	0.811**	0.746**	0.279	1.00

注：RD，根重密度（kg/m^3）；BD，土壤容重（g/cm^3）；SC，土壤黏结力（kPa）；ISMC，土壤初始含水量（%）。**$p<0.01$（双尾）；*$p<0.05$（双尾）。

土壤细沟可蚀性模拟方程（7-2）中回归参数的值见表 7-9。平均根径（D，mm）对土壤细沟可蚀性的影响在四种作物中存在着差异。因此，在考虑土壤细沟可蚀性模拟方程时没有包括平均根径。土壤容重和土壤黏结力都是反映土壤硬化过程的重要参数，但由于土壤容重与土壤细沟可蚀性的相关系数要低于土壤黏结力与土壤细沟可蚀性的相关系数，因此，在土壤细沟可蚀性模拟方程中，只考虑了土壤黏结力对土壤细沟可蚀性的影响。

表 7-9 作物地土壤细沟可蚀性季节变化模拟方程

作物地	模拟方程 $K_r = e^{(d \times RD + e \times SC + f \times ISMC)}$				
	d	e	f	R^2	NSE
玉米地	−0.1	−0.23	−0.04	0.88	0.84
谷子地	−1.9	−0.23	−0.05	0.90	0.88
大豆地	−0.71	−0.23	−0.04	0.88	0.82
土豆地	−1.26	−0.25	−0.04	0.91	0.82

在玉米地、谷子地、大豆地和土豆地四种作物地中，土壤细沟可蚀性均能用土壤属性和根重密度较好地模拟。四种作物地土壤黏结力、土壤初始含水量与作物根重密度对土壤细沟可蚀性模拟的效果如图 7-12 所示。在土壤细沟可蚀性模拟方程中，决定系数 R^2 介于 0.88~0.91，NSE 介于 0.82~0.88。土壤细沟可蚀性实测值与模拟值构成的散点相对均匀地分布在 1∶1 线两侧，说明方程的模拟精度较高。根据模拟方程的 R^2 的大小和 NSE 的大小判断，须根系作物玉米地和谷子地土壤细沟可蚀性模拟方程的精度要高于直根系作物大豆地和土豆地。不同作物平均根径与土壤细沟可蚀性的定量关系需要进一步讨论。

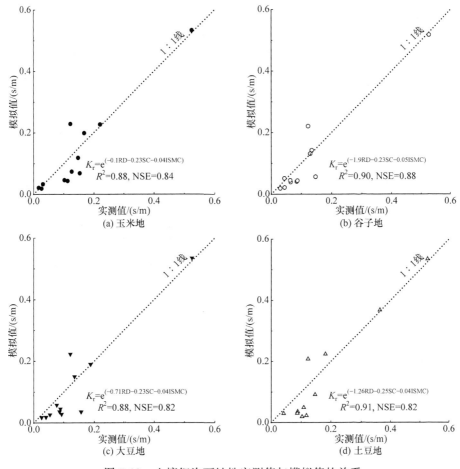

图 7-12 土壤细沟可蚀性实测值与模拟值的关系

7.3 直根系退耕草地土壤细沟可蚀性季节变化

7.3.1 赖草地和紫花苜蓿地土壤细沟可蚀性季节变化特征

在整个退耕草地生长季内，赖草地土壤细沟可蚀性整体表现为下降的季节变化趋势，具体表现为先升高后降低再升高的生长季变化[图 7-13（a）]。其中，赖草地土壤细沟可蚀性的季节变化在整个生长季没有达到统计学显著性差异水平（$p>0.05$）。赖草地土壤细沟可蚀性最小值出现在 8 月中旬种子散落初期，最大值出现在 5 月底抽穗期，土壤细沟可蚀性值介于 0.0061~0.0265s/m，该范围是对照样地（谷子地）土壤细沟可蚀性值变化范围的 5.05%~20.75%。在整个生长季，赖草地土壤细沟可蚀性的平均值为 0.0146s/m，为对照样地（谷子地)均值的11.2%。具体来讲,赖草在4月中旬处于返青阶段,在冬季冻融后解冻的影响下,近地表层土壤较为疏松,抵抗坡面径流冲刷的能力相对较差,容易被径流分离,土壤细沟可蚀性值相对较高;此后,赖草进入生长季,在降水雨滴击打、土壤生物活动和草地根系生长等多种因素的影响下,从4月中旬返青期至5月底抽穗期,赖草地的土壤细沟可蚀性一直呈上升趋势,上升幅度为11.3%;从5月底抽穗期至8月中旬种子散落初期,赖草地的土壤细沟可蚀性总体呈下降趋势,下降幅度为76.98%;从8月中旬种子散落初期至9月底种子散落末期,赖草地的土壤细沟可蚀性又呈上升趋势,上升幅度为91.8%。

在整个退耕草地生长季内,紫花苜蓿地的土壤细沟可蚀性整体表现为下降的季节变化趋势,具体表现为先降低后趋于稳定再降低的生长季变化[图7-13(a)],其中,紫花苜蓿地土壤细沟可蚀性的季节变化达到显著性差异水平($p<0.05$)。紫花苜蓿地土壤细沟可蚀性最小值出现在9月上旬种子成熟期,最大值出现在4月中旬返青期,变化范围为0.0008~0.0191s/m,该变化范围是对照样地(谷子地)土壤细沟可蚀性变化范围的2.72%~3.64%;平均值为0.009s/m,该值为对照样地(谷子地)均值的6.9%。与赖草类似,紫花苜蓿在4月中旬也处于返青期,由于冻融后解冻的影响,紫花苜蓿地近地表层的土壤也相对疏松,土壤细沟可蚀性达到生长季内的最高值点;从4月中旬返青期至5月底旁枝形成期,土壤细沟可蚀性呈下降趋势,下降幅度为20.4%;从5月底旁枝形成期至6月中旬现蕾期,土壤细沟可蚀性值在0.0152~0.0159s/m波动,基本趋于稳定;从6月中旬现蕾期至9月底种子成熟末期,土壤细沟可蚀性呈下降趋势,下降幅度为94.96%;在9月底种子成熟末期,土壤细沟可蚀性值下降到最低值0.0008s/m。

对照样地(谷子地)的土壤细沟可蚀性从4月中旬至9月底总体上呈下降趋势[图7-13(b)],最大值0.5251s/m出现在4月中旬,最小值0.0433s/m出现在9月中旬,生长季内的平均值为0.1470 s/m。

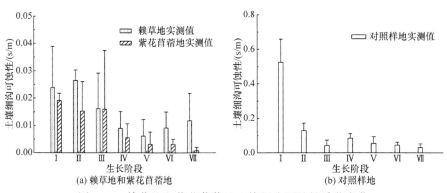

图7-13 赖草地和紫花苜蓿地土壤细沟可蚀性季节变化

总体而言，在退耕草地生长季内，赖草地和紫花苜蓿地的土壤细沟可蚀性呈现出不同的季节变化模式，这可能与土壤属性生长季的变化和根系生长等因素有关。

7.3.2 退耕草地土壤细沟可蚀性季节变化影响因素

实验中，赖草地和紫花苜蓿地的土壤细沟可蚀性在生长季的平均值分别是王军光等（2011）研究的南方亚热带红黏土土壤细沟可蚀性均值（0.0057s/m）的 255%和 157%，分别是 Knapen 等（2007）报道的比利时勒芬粉砂壤土土壤细沟可蚀性均值（0.0115s/m）、Wang 等（2014）报道的黄土高原地区黄绵土土壤细沟可蚀性值（0.0002s/m）和 WEPP 模型（Flanagan et al.，1995）中土壤细沟可蚀性基准值（0.02s/m）的 127%、77.9%，7300%、4478.6%和 73%、44.79%，实验方法和土壤属性等因素的不同可能是造成研究结果差异的原因。例如，本书实验坡度的变化范围为 17.4%~42.3%，然而，在王军光等（2011）、Knapen 等（2007）、Wang 等（2014）的研究中，实验坡度变化范围分别为 8.8%~36.4%、15%~35%、20.9%~24.4%。本书实验中的单宽流量分别是王军光等（2011）、Knapen 等（2007）和 Wang 等（2014）研究中单宽流量的 1.4~1.42 倍、0.46~0.93 倍和 1.05~1.67 倍。此外，本书实验中的土壤黏粒含量是王军光等（2011）实验中所使用的第四纪红黏土土壤黏粒含量的 19.5%和 22.4%。因此，本书实验中的土壤要比王军光等（2011）实验中的土壤更容易被坡面径流侵蚀，土壤细沟可蚀性更大。

在退耕草地生长季内，土壤黏结力、土壤容重和土壤水稳性团聚体等近地表层土壤属性在风力、降水和根系生长等多种因素的综合影响下（Angulojaramillo et al.，2000），表现出了显著的动态变化趋势（图 7-14），影响了坡面径流的土壤分离过程（Wang et al.，2014），可能会引起土壤细沟可蚀性生长季的变化。

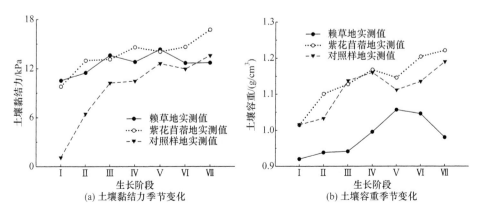

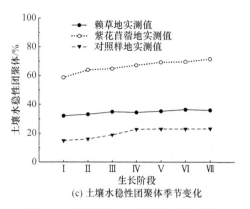

(c) 土壤水稳性团聚体季节变化

图 7-14 退耕草地土壤属性季节变化

土壤固结力生长季的变化可能是土壤细沟可蚀性季节变化的主要原因之一（Yu et al., 2014；Knapen et al., 2007）。在整个退耕草地生长季，土壤黏结力和土壤容重呈增加趋势［图 7-14（a）、（b）］，这会导致土壤变硬，土壤固结力增强，土壤抗坡面径流冲刷的阻力增强，从而导致土壤细沟可蚀性下降。一般情况下，土壤容重较大时，近地表层的土壤往往由于比较紧实而难以被坡面径流冲刷，此时土壤的分离能力较小，土壤细沟可蚀性也较小。反之，土壤抵抗坡面径流冲刷的能力较弱，土壤的分离能力较大，土壤细沟可蚀性较大。赖草地的土壤容重在整个生长季呈上升趋势［图 7-14（b）］，变化范围为 0.94～1.06g/cm^3，平均值为 1.01g/cm^3，最大值出现在 9 月下旬种子散落末期，最小值出现在 4 月中旬返青期。在整个生长季，紫花苜蓿地土壤容重表现为先升高后降低再升高的季节变化趋势［图 7-14（b）］，变化范围为 1.1～1.22g/cm^3，平均值为 1.15g/cm^3，最大值出现在 9 月下旬种子成熟末期，最小值出现在 4 月中旬返青期。在整个草地生长季，土壤物理结皮的发育、土壤生物的活动和根系生长等作用可能会导致地表土壤属性的改变，这会引起土壤容重的变化，从而导致土壤细沟可蚀性的季节变化。土壤黏结力对土壤细沟可蚀性影响的机理与土壤容重对土壤细沟可蚀性影响的机理类似，这里不再重复。研究表明，赖草地和紫花苜蓿地土壤细沟可蚀性随着土壤黏结力和土壤容重的增加呈指数函数形式降低［图 7-15（a）、（b）］，这与 Knapen 等（2007）和 Yu 等（2014）的研究结果较为一致。

土壤水稳性团聚体是土壤的重要组成部分，也是表征土壤抵抗坡面径流冲刷能力的关键指标之一（Wang et al., 2014；Barthès et al., 2002；Coote et al., 1988）。在土壤侵蚀过程中，土壤水稳性团聚体通过水土交互作用（分散和崩解等）来改变土壤属性和土壤表面结构，进而影响近地表层土壤侵蚀过程。在植被生长过程中，根系通过物理作用、化学作用和生物作用等来提高土壤中有机质的含量和水稳性团聚体的含量。赖草地和紫花苜蓿地直径大于 0.25mm 的土壤水稳性团聚体在整个退耕草地生长季依次增加了 13%和 22%,这有利于赖草地和紫花苜蓿地大颗粒土壤水稳性团聚体的形成,会增强土壤抵抗坡面径流冲刷的能力,土壤会变得难以被坡面径流分离,从而降低土壤细沟可蚀性。回归分析表明,赖草地和紫花苜蓿地的土壤细沟可蚀性随着土壤水稳性团聚体的增加呈指数函数降低 [图 7-15 (c)]。

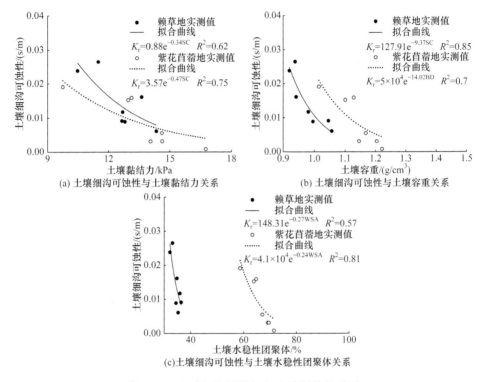

图 7-15 土壤细沟可蚀性与土壤属性的关系

在坡面流土壤侵蚀过程中,土壤细沟可蚀性的变化受到植被根系生长的显著影响(Yu et al., 2014; Knapen et al., 2007)。在植被生长季内,根系通过物理捆绑和化学黏结等作用来改变土壤中有机质和水稳性团聚体等土壤属性的含量,增强土壤抵抗坡面径流冲刷的能力,降低土壤细沟可蚀性的大小。赖草地和紫花苜蓿地的土壤细沟可蚀性与根重密度呈指数负相关关系(图 7-16),与 Yu 等(2014)、Knapen 等(2007)的研究结果相同。

7.3.3 退耕草地土壤细沟可蚀性季节变化模拟

在股状水流较为发育的黄土高原地区,土壤细沟可蚀性在时间尺度上变化

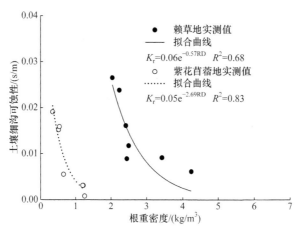

图 7-16 土壤细沟可蚀性与根重密度的关系

的数据较为缺乏。但是，该数据对预测黄土高原地区由股状水流所导致的土壤侵蚀是非常关键的。因而，在黄土高原退耕还林还草背景条件下，利用近地表层土壤属性生长季的变化来预测和模拟土壤细沟可蚀性的季节变化是非常必要的。

根据退耕草地土壤细沟可蚀性与其影响因素函数方程，采用 SPSS 20.0 中非线性回归的方法，利用土壤容重和根重密度能够较好地模拟赖草地和紫花苜蓿地土壤细沟可蚀性生长季的变化：

$$K_r = a \cdot \exp\left(b \cdot \int BD + c \cdot \int RD\right) \quad (7-3)$$

式中，K_r 为土壤细沟可蚀性（s/m）；BD 为土壤容重（g/cm^3）；RD 为根重密度（kg/m^3）；a、b、c 分别为回归参数。

在模拟方程（7-3）中，土壤容重和根重密度能够解释自变量土壤细沟可蚀性 86%和 88%的变量（表 7-10），这表明赖草地和紫花苜蓿地土壤细沟可蚀性在生长季的变化可能主要由土壤容重的季节变化和根系生长所导致。两种退耕草地土壤细沟可蚀性实测值与模拟值的关系如图 7-17 所示。土壤黏结力和土壤容重两者均反映了土壤的硬化过程，比较而言，土壤容重与土壤细沟可蚀性的相关系数高于土壤黏结力与土壤细沟可蚀性的相关系数。因此，在退耕草地土壤细沟可蚀性模拟方程（7-3）中，只考虑了土壤容重。在土壤属性因素中只考虑了土壤容重，在植被影响因素中只考虑了根重密度对土壤细沟可蚀性的影响，未考虑平均根径等其他根系特征参数以及其他土壤属性因素的影响，因此，具有一定的偏差和局限性。在黄土高原地区，未来加强不同植被类型平均根径等根系特征参数的动态变化研究对土壤细沟可蚀性的影响是非常必要的。

第7章 土壤细沟可蚀性季节变化特征

表 7-10 土壤细沟可蚀性模拟方程参数

草地类型	模拟方程 $K_r = a \cdot \exp\left(b \cdot \int BD + c \cdot \int RD\right)$				
	a	b	c	R^2	NSE
赖草地	88.639	−7.964	−0.396	0.86	0.85
紫花苜蓿地	0.383	−2.246	−1.785	0.88	0.88

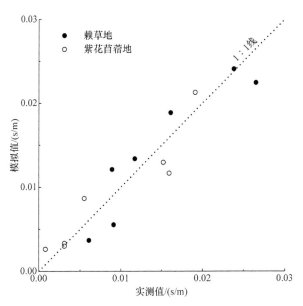

图 7-17 土壤细沟可蚀性实测值与模拟值的关系

7.4 须根系退耕草地土壤细沟可蚀性季节变化特征

7.4.1 冰草地和柳枝稷地土壤属性季节变化

在冰草生长季内，土壤黏结力呈现出显著的生长季变化趋势（$p<0.05$）（图 7-18），变化范围为 10.25～14.72kPa，平均值为 12.82kPa，最大值出现在 7 月中旬孕穗期，最小值出现在 4 月中旬返青期。柳枝稷地土壤黏结力呈现出先升高后降低的显著的生长季动态变化趋势（$p<0.05$），变化范围为 12.21～14.54kPa，平均值为 13.46kPa，最大值出现在 8 月上旬开花结果期，最小值也出现在 4 月中旬返青期。对照样地（谷子地）土壤黏结力在整个生长季内表现为先升高后降低的季节变化，变化范围为 1.08～12.62kPa，平均值为 8.79kPa，

最大值出现在籽粒形成期，最小值出现在播种期。

在整个生长季内，冰草地土壤容重表现为先升高后降低的显著的生长季（$p<0.05$）（图 7-18），变化范围为 $1.04\sim1.19\text{g/cm}^3$，平均值为 1.11g/cm^3，最大值出现在 8 月上旬开花期，最小值出现在 4 月中旬返青期。柳枝稷地土壤容重呈现出先升高后降低再升高的显著上升的生长季变化（$p>0.05$），变化范围为 $1.12\sim1.17\text{g/cm}^3$，平均值为 1.15g/cm^3，最大值出现在 9 月底种子成熟期，最小值出现在 4 月中旬返青期。谷子生长季内，土壤容重表现为先升高后降低再升高的季节变化趋势，变化范围为 $1.02\sim1.16\text{g/cm}^3$，平均值为 1.10g/cm^3，最大值出现在抽穗灌浆期，最小值出现在播种期。

在整个生长季内，冰草地和柳枝稷地土壤水稳性团聚体生长季的变化总体上表现为上升的季节变化趋势（图 7-18），变化范围分别为 $28.37\%\sim35.57\%$ 和 $30.86\%\sim39.82\%$，平均值分别为 31.8% 和 36.2%。冰草地和柳枝稷地土壤水稳性团聚体的最大值均出现在 9 月底种子成熟期，最小值均出现在 4 月中旬返青

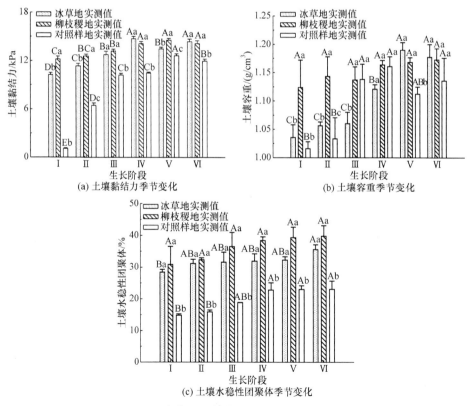

图 7-18 冰草地和柳枝稷地土壤属性季节变化

不同小写字母表示不同物种同一生长阶段间差异显著（$p<0.05$）；
不同大写字母表示同一物种不同生长阶段间差异显著（$p<0.05$）。余同

期。在整个生长季内，对照样地（谷子地）土壤水稳性团聚体总体呈上升趋势，增加了 56%，变化范围为 14.84%～23.01%，平均值为 19.73%，最大值出现在 9 月底种子成熟期，最小值出现在 4 月中旬播种期。

7.4.2 冰草地和柳枝稷地土壤细沟可蚀性季节变化特征

在整个退耕草地生长季内，冰草地土壤细沟可蚀性呈现出显著的生长季变化（$p<0.05$），柳枝稷地土壤细沟可蚀性在整个生长季内没有显著的生长季变化（$p>0.05$）（图 7-19）。在整个退耕草地生长季内，冰草地土壤细沟可蚀性的变化范围为 0.0021～0.0224s/m，是谷子地土壤细沟可蚀性变化范围的 4.27%～30.48%，平均值为 0.0118s/m，为谷子地均值的 8.1%。在整个生长季内，柳枝稷地土壤细沟可蚀性呈现出先升高后降低的生长季变化，变化范围为 0.0032～0.0219s/m，是谷子地土壤细沟可蚀性变化范围的 3.61%～44.1%，柳枝稷地土壤细沟可蚀性平均值为 0.0138s/m，为谷子地均值的 9.4%。在整个生长季内，柳枝稷地土壤细沟可蚀性平均值是冰草地的 117%。在 4 月中旬返青期，冰草地土壤细沟可蚀性值比柳枝稷地土壤细沟可蚀性值高出 15.4%，除此之外，在其他生育阶段则分别低 21.0%、44.5%、24.4%、33.2%和 53.6%。冰草地土壤细沟可蚀性总体呈下降趋势，在 9 月底种子成熟末期下降到最低值 0.0021s/m，下降幅度为 91%。在柳枝稷生长季内，从 4 月中旬返青期至 5 月中旬分蘖期，柳枝稷地土壤细沟可蚀性呈上升趋势，上升幅度为 15.6%；从 5 月中旬分蘖期至 9 月底种子成熟期，柳枝稷地土壤细沟可蚀性呈下降趋势，下降幅度为 85.3%；在 9 月底种子成熟期下降到最低值 0.0032s/m。从 4 月中旬播种期至 9 月底成熟期，谷子地土壤细沟可蚀性总体呈下降趋势，最大值 0.5251s/m 出现在 4 月中旬，最小值 0.0433s/m 出现在 6 月中旬，平均值为 0.1470s/m。

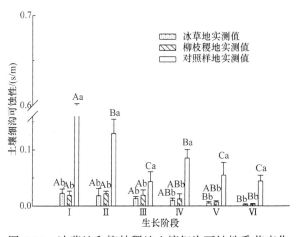

图 7-19 冰草地和柳枝稷地土壤细沟可蚀性季节变化

7.4.3 冰草地和柳枝稷地土壤细沟可蚀性季节变化模拟

在冰草和柳枝稷生长季内，土壤容重和土壤黏结力都是反映土壤硬化过程的重要参数，但土壤黏结力在整个生长季内呈现出显著的生长季变化（$p<0.05$），柳枝稷地土壤容重则没有显著的生长季变化（$p>0.05$）。因此，在退耕草地土壤细沟可蚀性模拟方程（7-4）只考虑了土壤黏结力对土壤细沟可蚀性的影响。土壤水稳性团聚体也是影响土壤细沟可蚀性生长季变化的重要因素，但在整个生长季内，冰草地和柳枝稷地土壤水稳性团聚体均无显著的生长季变化（$p>0.05$）。因此，土壤细沟可蚀性模拟方程（7-4）也未考虑土壤水稳性团聚体对土壤细沟可蚀性的影响。本书采用非线性回归方法，利用土壤黏结力和根重密度建立冰草地和柳枝稷地土壤细沟可蚀性生长季变化的模拟方程：

$$K_r = a \cdot \exp\left(b \cdot \int SC + c \cdot \int RD\right) \quad (7\text{-}4)$$

式中，K_r 为土壤细沟可蚀性（s/m）；SC 为土壤黏结力（kPa）；RD 为根重密度（kg/m^3）；a、b、c 分别为回归参数。

在退耕草地土壤细沟可蚀性模拟方程（7-4）中，自变量土壤细沟可蚀性99%和89%的变量能够用土壤黏结力和根重密度解释（表7-11），这说明土壤黏结力和根重密度是影响冰草地和柳枝稷地土壤细沟可蚀性生长季变化的重要因素。冰草地和柳枝稷地土壤细沟可蚀性模型的有效系数NSE分别为0.99和0.89，模拟效果较好（图7-20）。

表7-11 土壤细沟可蚀性与影响因子的相关系数

草地类型	模拟方程 $K_r = a \cdot \exp\left(b \cdot \int SC + c \cdot \int RD\right)$				
	a	b	c	R^2	NSE
冰草地	0.349	−0.09	−1.592	0.99	0.99
柳枝稷地	0.358	−0.059	−1.895	0.89	0.89

7.4.4 冰草地和柳枝稷地土壤细沟可蚀性季节变化影响因素

如表7-12所示，冰草地和柳枝稷地土壤细沟可蚀性生长季的变化明显受到土壤黏结力、土壤容重、土壤水稳性团聚体和根重密度的影响。两种退耕草地的土壤细沟可蚀性与土壤黏结力、土壤容重、土壤水稳性团聚体和根重密度呈显著负相关关系（$p<0.05$），其中，冰草地土壤细沟可蚀性与土壤容重呈极显著负相关关系（$p<0.01$）。

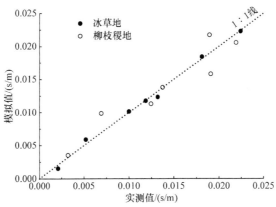

图 7-20 土壤细沟可蚀性实测值与模拟值的关系

表 7-12 土壤细沟可蚀性模拟方程参数值

草地类型	土壤黏结力	土壤容重	土壤水稳性团聚体	根重密度
冰草地	−0.886*	−0.939**	−0.908*	−0.87*
柳枝稷地	−0.859*	−0.874*	−0.847*	−0.905*

**$p<0.01$（双尾）；*$p<0.05$（双尾）。

土壤细沟可蚀性（K_r）是反应土壤侵蚀阻力的重要参数之一，以往关于它随时间变化的研究相对少。本书中，冰草地土壤细沟可蚀性表现出显著的季节变化规律（$p<0.05$），这与 Knapen 等（2007）研究的欧洲冬小麦（*Triticum aestivum*）、Yu 等（2014）研究的黄土高原地区玉米（*Zea mays*）和谷子等作物的研究结果较为一致。其原因可能是土壤黏结力、土壤容重、土壤水稳性团聚体具有较大的季节变化。另外，需要说明的是本书中柳枝稷地土壤细沟可蚀性的季节变化特征与冰草地的季节变化特征不同，其原因可能是种植年限不同等。

土壤黏结力与土壤颗粒之间的紧实程度密切相关，并直接影响土壤抵抗坡面径流冲刷能力的大小。通常，土壤容易被坡面径流冲刷时，土壤的分离能力相对较大，土壤细沟可蚀性较大；反之，土壤难以被坡面径流冲刷，土壤的分离能力相对较小，土壤细沟可蚀性较小。在植被生长季内，随着根系的生长，土壤黏结力呈增加趋势（Norris，2005），这会导致土壤可蚀性的降低（De Baets et al.，2006）。在整个生长季内，冰草地和柳枝稷地土壤黏结力均表现为增加的趋势（图 7-18），增加幅度分别为 40%和 19%，这会导致土壤颗粒与根土基质间强度的增加（Tengbeh，1993），从而使近地表层土壤变得更为紧实，难以被坡面径流冲刷，进而导致土壤细沟可蚀性下降。在整个生长季内，冰草地和柳枝稷地的平均土壤黏结力分别为 12.82kPa 和 13.46kPa，分别是对照样地（谷子地）（8.79kPa）的 146%和 153%，这说明冰草地和柳枝稷地土壤抵抗坡面径流冲刷的能力要强于谷子地。因此，冰草地和柳枝稷地的土壤细沟可蚀性要小于对照样地（谷子地）。这一研究结果与冬小麦（Knapen et al.，2007）和玉米（Yu et al.，2014）的研究结果相同。土壤容重与土壤黏结力对土壤细沟可蚀性的影响机理相似，这里不再赘述。

在整个生长季内，土壤细沟可蚀性与土壤水稳性团聚体呈现出相反的变化趋势，即土壤细沟可蚀性随着土壤水稳性团聚体的增加呈下降趋势。在土壤侵蚀过程中，土壤水稳性团聚体往往通过崩解和分散等水土交互作用改变土壤结构，为土壤侵蚀的产生提供物质条件。在整个草地生长季内，根系生长对土壤颗粒间的物理捆绑和化学黏结等作用，有利于土壤水稳性团聚体的形成（Wang et al.，2014），这会导致土壤难以被坡面径流冲刷，从而降低土壤细沟可蚀性。在整个生长季内，冰草地和柳枝稷地的平均土壤水稳性团聚体分别为31.8%和36.2%，分别是谷子地平均土壤水稳性团聚体（19.73%）的161%和183%，这说明冰草地和柳枝稷地土壤中大颗粒土壤水稳性团聚体的数量可能要多于谷子地，降低土壤细沟可蚀性的作用要强于谷子地，这一结果与Coote等（1988）研究结果较为一致。

如表7-11所示，冰草地和柳枝稷地土壤细沟可蚀性与根重密度间呈显著负相关关系。这可能与冰草地和柳枝稷地在根系生长过程中物理捆绑和化学黏结土壤颗粒改变了土壤渗透性和黏结力等土壤属性（张晓艳等，2015），提高了土壤的抗径流冲刷能力有关（李勇等，1990）。在冰草和柳枝稷生长季内，根系主要通过网络串连、加筋、黏结等作用来改变土壤的理化性状，提高土壤中水稳性团聚体含量（Wang et al.，2014），增强土壤的抗侵蚀能力，使土壤变得更加紧实，抗侵蚀阻力增强，从而导致土壤细沟可蚀性下降。在整个生长季内，冰草地和柳枝稷地的平均根重密度分别为$1.59kg/m^3$和$1.38kg/m^3$，分别是谷子地平均根重密度（$0.05kg/m^3$）的31.8倍和27.6倍，说明冰草和柳枝稷根系比谷子根系更能增加土壤的稳定性和增强土壤的侵蚀阻力。另外，冰草地平均根重密度是柳枝稷地的1.15倍，这说明冰草根系的固土能力要强于柳枝稷根系，这可能是导致冰草地和柳枝稷地土壤细沟可蚀性差异的主要原因。黄土高原地区不同植被类型根系结构减缓土壤侵蚀效应的机理有待于进一步研究。

7.5 本章小结

（1）在黄土高原地区典型农耕地作物生长季，玉米地、谷子地、大豆地和土豆地土壤细沟可蚀性表现为先增加再降低的季节变化趋势。四种作物地土壤细沟可蚀性季节变化在$\alpha=0.05$水平上达到显著性水平。玉米地、谷子地和大豆地土壤细沟可蚀性的最大值均出现在 4 月底,最小值均出现在 9 月初;土豆地土壤细沟可蚀性最大值出现在 4 月底,最小值出现在 8 月中旬。土豆地土壤细沟可蚀性平均值最大(0.171s/m),其次是玉米地(0.146s/m)和大豆地(0.133s/m),谷子地平均值最小(0.123s/m);耕作等农事活动、土壤硬化过程强弱、根系生长过程中密度大小等是影响黄土高原地区典型农耕地土壤细沟可蚀性季节变化的主要因素。玉米地、谷子地、大豆地和土豆地的土壤细沟可蚀性随着土壤黏结力、土壤容重、土壤水稳性团聚体和作物根重密度的增大呈指数函数形式降低;黄土高原地区典型农耕地土壤细沟可蚀性的季节变化可以用土壤黏结力、作物根重密度和土壤初始含水量模拟($R^2 \geqslant 0.88$,NSE$\geqslant 0.82$)。

(2)在黄土高原地区退耕草地生长季内,赖草地和紫花苜蓿地的土壤细沟可蚀性分别呈现出升高-降低-升高和降低-趋于稳定-降低的季节变化模式;土壤细沟可蚀性的季节变化可能受到土壤容重的季节动态变化和根系生长的影响。赖草地和紫花苜蓿地的土壤细沟可蚀性随着赖草地和紫花苜蓿地土壤容重、土壤水稳性团聚体和根重密度的增加呈指数函数形式降低;利用土壤容重和根重密度能够较好地模拟赖草地和紫花苜蓿地土壤细沟可蚀性的季节变化;在黄土高原地区退耕还草有助于降低该区的土壤细沟可蚀性。

(3)在黄土高原地区冰草和柳枝稷生长季内,土壤细沟可蚀性分别呈现出降低和升高-降低的季节变化模式;冰草地和柳枝稷地土壤细沟可蚀性的季节变化主要受到土壤黏结力、土壤水稳性团聚体和根重密度等因素的影响;两种退耕草地土壤细沟可蚀性与土壤黏结力、土壤容重、土壤水稳性团聚体和根重密度呈显著负相关关系;冰草地和柳枝稷地土壤细沟可蚀性的季节动态变化能够用根重密度和土壤黏结力较好地模拟;在整个生长季内,冰草地和柳枝稷地土壤细沟可蚀性的平均值远低于对照样地(谷子地)的平均值,这说明退耕还草是黄土高原地区进行水土保持的有效措施。

参 考 文 献

李勇, 徐晓琴, 朱显谟, 1992. 黄土高原植物根系提高土壤抗冲性机制初步研究[J]. 中国科学, (3): 254-259.

李勇, 吴钦孝, 朱显谟, 等, 1990. 黄土高原植物根系提高土壤抗冲性能的研究——Ⅰ. 油松人工林根系对土壤抗冲性的增强效应[J]. 水土保持学报, (1): 1-5.

李勇, 朱显谟, 1991. 黄土高原植物根系提高土壤抗冲性的有效性[J]. 科学通报, 36(12): 935-938.

王军光, 李朝霞, 蔡崇法, 等, 2011. 集中水流内红壤分离速率与团聚体特征及抗剪强度定量关系[J]. 土壤学报, 48(6): 1133-1140.

张光辉, 刘国彬, 2001. 黄土丘陵区小流域土壤表面特性变化规律研究[J]. 地理科学, 21(2): 118-122.

张晓艳, 周正朝, 2015. 黄土高原地区草地植被调控土壤水蚀机理的研究进展[J]. 草业科学, 32(1): 64-70.

周正朝, 上官周平, 2006. 子午岭次生林植被演替过程的土壤抗冲性[J]. 生态学报, 26(10): 3270-3275.

ANGULOJARAMILLO R, VANDERVAERE J P, ROULIER S, et al., 2000. Field measurement of soil surface hydraulic properties by disc and ring infiltrometers a review and recent developments[J]. Soil & Tillage Research, 55(1): 1-29.

BARTHÈS B, ROOSE E, 2002. Aggregate stability as an indicator of soil susceptibility to runoff and erosion; validation at several levels[J]. Catena, 47(2): 133-149.

BENNETT S J, ROBINSON K M, KADAVY K C, 2000. Characteristics of actively eroding ephemeral gullies in an experimental channel[J]. Transactions of the American Society of Agricultural Engineers, 43(3): 641-649.

COOTE D R, MALCOLMMCGOVERN C A, WALL G J, et al., 1988. Seasonal variation of erodibility indices based on shear strength and aggregate stability in some ontario soils[J]. Canadian Journal of Soil Science, 68(2): 405-416.

DE BAETS S, TORRI D, POESEN J, et al., 2008. Modelling increased soil cohesion due to roots with eurosem[J]. Earth Surface Processes & Landforms, 33(13): 1948-1963.

DE BAETS S, POESEN J, 2010. Empirical models for predicting the erosion-reducing effects of plant roots during concentrated flow erosion[J]. Geomorphology, 118(3-4): 425-432.

DE BAETS S, POESEN J, GYSSELS G, et al., 2006. Effects of grass roots on the erodibility of topsoils during concentrated flow[J]. Geomorphology, 76(1): 54-67.

DE BAETS S, POESEN J, KNAPEN A, 2007. Impact of root architecture on the erosion-reducing potential of roots during concentrated flow[J]. Earth Surface Processes and Landforms, 32(9): 1323-1345.

FLANAGAN D C, NEARING M A, 1995. Usda-water erosion prediction project hillslope profile and watershed model documentation[R]. USDA-ARS National Soil Erosion Research Laboratory, NSERL Report No. 10.

GHEBREIYESSUS Y T, GANTZER C J, ALBERTS E E, et al., 1994. Soil erosion by concentrated flow: shear stress and bulk density[J]. Transactions of the American Society of Agricultural Engineers, 37(6): 1791-1797.

GYSSELS G, POESEN J, LIU G, et al., 2006. Effects of cereal roots on detachment rates of single-and double-drilled topsoils during concentrated flow[J]. European Journal of Soil Science, 57(3): 381-391.

HANSON G J, 1996. Investigating soil strength and stress-strain indices to characterize erodibility[J]. Transactions of the American Society of Agricultural Engineers, 39(3): 883-890.

HANSON G J, COOK K R, 1999. Procedure to estimate soil erodibility for water management purposes[C]. Toronto: Advance in Water Quality Modeling International Meeting.

KNAPEN A, POESEN J, DE BAETS S, 2007. Seasonal variations in soil erosion resistance during concentrated flow for a loess-derived soil under two contrasting tillage practices[J].

Soil & Tillage Research, 94(2): 425-440.

MORRISON J E, RICHARDSON C W, LAFLEN J M, 1994. Rill erosion of a vertisol with extended time since tillage[J]. Transactions of the American Society of Agricultural Engineers, 37(4): 1187-1196.

NORRIS J E, 2005. Root reinforcement by hawthorn and oak roots on a highway cut-slope in southern England[J]. Plant & Soil, 278(1-2): 43-53.

POTTER K N, GARCIA J D V, 2002. Use of a submerged jet device to determine channel erodibility coefficients of selected soils of Mexico[J]. Journal of Soil & Water Conservation, 57(5): 272-276.

RACHMAN A, ANDERSON S H, GANTZER C J, et al., 2003. Influence of long-term cropping systems on soil physical properties related to soil erodibility[J]. Soil Science Society of America Journal, 67(2): 637-644.

TENGBEH G T, 1993. The effect of grass roots on shear strength variations with moisture content[J]. Soil Technology, 6(3): 287-295.

WANG B, ZHANG G H, ZHANG X C, et al., 2014. Effects of near soil surface characteristics on soil detachment by overland flow in a natural succession grassland[J]. Soilence Society of America Journal, 78(2): 589-597.

YU Y C, ZHANG G H, GENG R, et al., 2014. Temporal variation in soil rill erodibility to concentrated flow detachment under four typical croplands in the Loess Plateau of China[J]. Journal of Soil & Water Conservation, 69(4): 352-363.

ZHANG G H, LIU G B, TANG K M, et al., 2008. Flow detachment of soils under different land uses in the Loess Plateau of China[J]. Transactions of the American Society of Agricultural Engineers, 51(3): 883-890.

ZHANG G H, TANG K M, REN Z P, et al., 2013. Impact of grass root mass density on soil detachment capacity by concentrated flow on steep slopes[J]. Transactions of the American Society of Agricultural Engineers, 56(3): 927-934.

ZHANG G H, TANG K M, ZHANG X C, 2009. Temporal variation in soil detachment under different land uses in the Loess Plateau of China[J]. Earth Surface Processes & Landforms, 34(9): 1302-1309.

第8章 土壤临界剪切力季节变化特征

在坡面流土壤侵蚀过程中，土壤临界剪切力是表征坡面土壤侵蚀阻力的重要参数之一，直接反映土体抵抗坡面径流作用而发生剪切变形破坏的能力（Gilley et al.，1993）。在土壤侵蚀过程 WEPP 模型中，土壤临界剪切力是定量计算土壤细沟可蚀性的重要指标之一，受到国内外学者的广泛关注（刘纪根等，2010；Knapen et al.，2007b；张晴雯等，2004；刘纪根等，2002；Giménez et al.，2002；雷廷武等，2000；Paseka et al.，2000；蔡强国等，1998；Van Klaveren et al.，1998）。

本书中，土壤临界剪切力采用公式（2-10）计算。将玉米地、谷子地、大豆地和土豆地等四种作物地每一实验周期的土壤分离能力和水流剪切力数据按照公式（2-10）的形式进行线性拟合，公式中 τ_c 即为土壤临界剪切力。

8.1 典型农耕地土壤临界剪切力季节变化特点

在玉米生长季内，玉米地土壤临界剪切力整体上呈波动增加的变化趋势［图 8-1（a）］。生长季内土壤临界剪切力的最大值（6.97Pa）出现在 8 月上旬；最小值（1.51Pa）出现在第一次锄草以后；平均值为 3.44Pa，变异系数为 0.54，属于中等变异性。

在谷子生长季内，谷子地土壤临界剪切力整体上也呈波动上升的增加趋势［图 8-1（b）］。谷子地土壤临界剪切力在 4 月上旬到 7 月下旬变化较小，变化幅度为 1.06~2.19Pa，7 月下旬到 9 月下旬从 1.68Pa 增加到 6.52Pa，增加了 288%。生长季内最大土壤临界剪切力（6.52Pa）出现在 9 月下旬；最小值（1.06Pa）出现在第一次锄草农事活动以前；平均值为 3.29Pa，变异系数为 2.07，属于强变异性。

在大豆生长季内，大豆地土壤临界剪切力整体上表现为增加的变化趋势［图 8-1（c）］。大豆地土壤临界剪切力在 4 月上旬至 7 月上旬一直呈增加趋势，7 月上旬到 9 月上旬略有下降，在 9 月中旬左右达到最大值 5.37Pa，在收获期前又下降到 2.23Pa。生长季内，最大土壤临界剪切力（5.37Pa）出现在 9 月下旬；最小值（1.66Pa）出现在第一次锄草农事活动以前；平均值为 3.03Pa，变异系数为 0.63，属于中等变异性。

在土豆生长季内，土豆地土壤临界剪切力整体上呈波动增加的变化趋势[图 8-1（d）]。生长季内最大土壤临界剪切力（5.26Pa）出现在 7 月下旬；最小值（1.06Pa）出现在 6 月下旬；平均值为 3.0Pa，变异系数为 0.44，属于中等变异性。

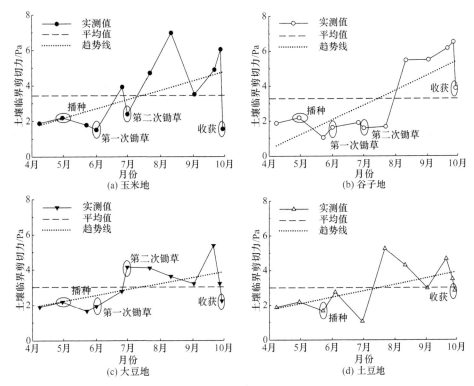

图 8-1 典型农耕地土壤临界剪切力季节变化

Kendall's W 显著性检验表明，玉米地、谷子地、大豆地和土豆地土壤临界剪切力在整个生长季的变化不显著（$p<0.05$）（表 8-1）。

表 8-1 土壤临界剪切力季节变化 Kendall's W 显著性检验

作物地	Kendall's W	显著性水平（p）
玉米地	0.538	0.087^{ns}
谷子地	0.472	0.158^{ns}
大豆地	0.416	0.608^{ns}
土豆地	0.245	0.897^{ns}

ns 表示在 $\alpha=0.05$ 水平上无显著性差异。

四种作物地土壤临界剪切力的最大值为 6.97Pa，最小值为 1.06Pa，平均值为 3.2Pa。最大值与张科利等（2000）研究的北京官厅水库附近的黄土母质土壤临界剪切力值 7Pa 比较接近，平均值分别是 Zhang 等（2008）和雷俊山等（2004）研究结果的 154%和 879%。研究结果差异的原因可能是实验方法和测试土壤的不同。例如，在雷俊山等（2004）的实验中，土壤受到了较大的人为扰动从而变得容易被侵蚀，因而测得的土壤临界剪切力值相对较小。

Knapen 等（2007a）研究了欧洲黄土地带冬小麦作物生长季土壤临界剪切力的变化。结果表明，在传统耕作措施条件下，土壤临界剪切力的最大值为 19Pa，最小值为 3Pa，平均值为 9.6Pa；在保护性耕作措施条件下，土壤临界剪切力最大值为 18.5Pa，最小值为 1.5Pa，平均值为 10.6Pa，传统耕作措施条件下的最小值 3Pa 与本书的平均值 3.2Pa 比较接近。另外，需要说明的是 Knapen 等（2007a）的研究中，在冬小麦的生长季，土壤临界剪切力具有较大的季节波动变化，但在 $\alpha = 0.05$ 水平上没有显著的生长季变化趋势，与本书研究作物生长季土壤临界剪切力整体上呈增加趋势不同。

8.2 典型农耕地土壤临界剪切力季节变化影响因素

耕作等农事活动、土壤性质和作物根系的生长都会对土壤临界剪切力生长季的变化产生影响，生长季的变化势必引起土壤临界剪切力的季节变化，如土壤中水分含量状况等（Knapen et al., 2007b）。Gilley（1993）、Ghebreiyessus（1994）和 Bennett 等（2000）的研究表明，随着土壤黏粒含量和土壤容重的增加，土壤临界剪切力也在增加。耕作破坏了土壤颗粒之间的黏结程度，进而降低了土壤的侵蚀阻力，从而导致土壤临界剪切力变小；Nearing 等（1988）的研究表明，耕作活动导致土壤临界剪切力降低 40%左右；King 等（1995）的研究表明，土壤的固结程度和干湿交替循环只会影响土壤的可蚀性，不会影响土壤临界剪切力。

Mamo 和 Gyssels 等（Gyssels et al., 2006；Mamo et al., 2001a，2001b）的研究表明，在坡面流土壤侵蚀条件下，土壤可蚀性随根重密度的增加而降低，与土壤临界剪切力关系不明显。

8.2.1 农事活动

农事活动对土壤临界剪切力的影响如图 8-2 所示。通常，耕作等农事活动会导致土壤松散，变得更加容易被侵蚀，易于被坡面径流分离，土壤侵蚀发生所需的土壤临界剪切力下降。按照这个推论，耕作等农事活动应该降低土壤临界剪切力值的大小,但实验结果并非如此。玉米、谷子和大豆采用播种机播种,播种后,玉米地、谷子地和土豆地的土壤临界剪切力增加了16.4%左右。土豆采用人工锄播种,播种后,土豆地的土壤临界剪切力增加了64.7%左右。两次锄草对土壤临界剪切力的影响也不同。在第一次锄草活动中,玉米地的土壤临界剪切力降低了15.3%,谷子地和大豆地的土壤临界剪切力分别增加了54.8%和16.6%。在第二次锄草活动中,玉米地和谷子地的土壤临界剪切力分别下降39.17%和16%,大豆地的土壤临界剪切力却增加49.5%。收获农事活动导致土壤临界剪切力下降,其中玉米地下降幅度最大,为74.1%;其次是谷子地和大豆地,分别下降40.6%和30.6%;土豆地下降幅度最小,为19.2%。这一研究结果与Nearing等(1988)的耕作能够降低土壤临界剪切力40%的研究结果存在差异。

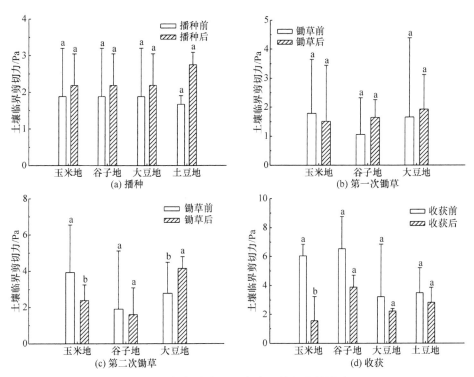

图8-2 农事活动对土壤临界剪切力的影响

8.2.2 土壤属性

1. 土壤容重

如图8-3所示,玉米地、谷子地、大豆地和土豆地土壤临界剪切力均随土壤容重的增大而增大。这一研究结果与 Laflen 等（1960）随着土壤容重的增大，土壤临界剪切力呈线性形式增加的研究结果类似，与 Lyle 等（1965）、Ghebreiyessus 等（1994）、Morrison 等（1994）、Hanson 等（1996）和 Bennett 等（2000）随着土壤容重的增大，土壤临界剪切力逐渐变大的研究结果相同。

玉米地、谷子地、大豆地和土豆地等四种作物地土壤容重与土壤临界剪切力的关系存在差异（图 8-3）。用土壤容重描述与土壤临界剪切力的关系时，玉米地、谷子地、大豆地和土豆地土壤容重与土壤分离能力相关性方程的指数分别为 6.08、3.06、2.95 和 3.21。可以看出，玉米地土壤黏结力与土壤临界剪切力关系方程的指数约是谷子地、大豆地和土豆地的 2 倍，谷子地、大豆地和土豆地关系方程的指数相差不大，这说明玉米地土壤临界剪切力随着土壤容重增大较快。

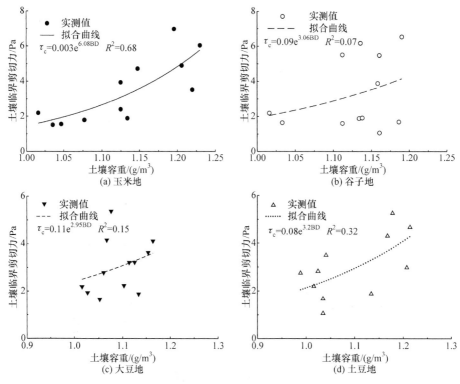

图 8-3　土壤临界剪切力与土壤容重的关系

在坡面流土壤侵蚀过程中，只有当股流能量积蓄到某一临界值时，表层土壤才能够被股流所分离，土壤侵蚀才开始发生，此时的水流剪切力即为土壤抗侵蚀的临界剪切力。若按照该种理解，土壤表层松散、裂隙（缝）发育，则土壤抗蚀能力减弱，土壤侵蚀产生的剪切力临界值也应相对较低；表层土壤容重较大时,土层比较紧实,土壤侵蚀难度较高,侵蚀产生的剪切力临界值也较高。按照这个推论,在黄土高原地区作物生长季,土壤临界剪切力与土壤容重应呈正相关关系(图8-3),这与实验结果较为一致。这一研究结果与唐科明等(2012)研究的柳枝稷地和无芒雀麦草地的土壤临界剪切力与土壤容重关系的结果不同。另外,与Knapen等(2007a)土壤临界剪切力与土壤性质的关系与常规认识是相悖的研究结果不同。

2. 土壤黏结力

如图8-4所示,玉米地、谷子地、大豆地和土豆地土壤临界剪切力随着土壤黏结力的增大而增大。在黄土高原地区作物生长季,土壤临界剪切力与土壤黏结力呈正相关关系。这与唐科明(2012)在北京房山研究的柳枝稷地和无芒雀麦草地的土壤临界剪切力与土壤黏结力关系的结果不完全一致。

玉米地、谷子地、大豆地和土豆地四种作物地土壤黏结力与土壤临界剪切力的关系存在差异(图8-4)。当用土壤黏结力描述与土壤临界剪切力的关系时,玉米地、谷子地、大豆地和土豆地土壤黏结力与土壤临界剪切力的相关性方程

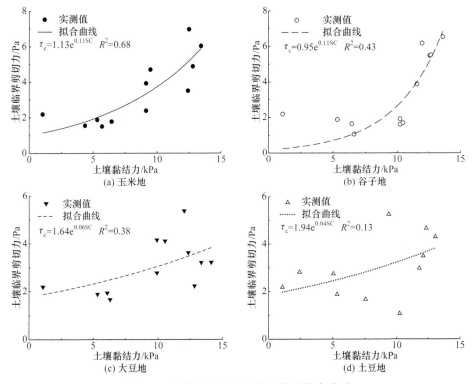

图8-4 土壤临界剪切力与土壤黏结力关系

的指数分别为 0.11、0.11、0.06 和 0.04。可以看出，玉米地和谷子地的指数相同，大豆地和土豆地的指数接近，玉米地和谷子地的指数几乎是大豆地和土豆地指数的 2 倍，这说明玉米地和谷子地土壤黏结力对土壤临界剪切力的改变要比大豆地和土豆地快。

3. 土壤初始含水量

如图 8-5 所示，玉米地、谷子地和大豆地的土壤初始含水量与土壤临界剪切力呈正相关关系，土豆地呈负相关关系。从拟合方程的关系决定系数来看，大豆地的决定系数最高，玉米地、谷子地和土豆地拟合方程的决定系数均小于 0.1。这说明当用土壤初始含水量来描述土壤临界剪切力的关系时，大豆地最好，玉米地、谷子地和土豆地较差。这一研究结果与 Knapen 等（2007b）并不是所有的土壤属性和环境状况都影响土壤侵蚀阻力季节变化的结论较为一致。

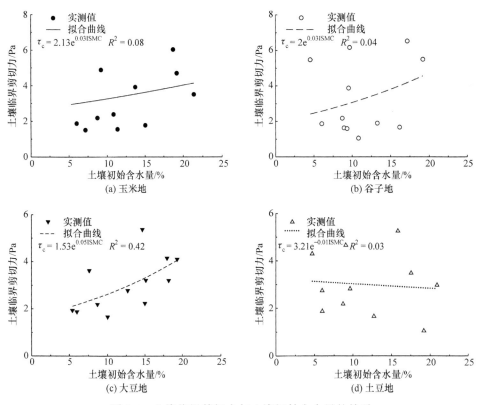

图 8-5 土壤临界剪切力与土壤初始含水量的关系

4. 土壤水稳性团聚体

如图 8-6 所示，玉米地、谷子地、大豆地和土豆地土壤临界剪切力与土壤水稳性团聚体呈指数正相关关系。按照通常的理解，土壤水稳性团聚体越大，土壤抵抗坡面径流分离的能力就越强，侵蚀产生的临界剪切力值就较高。反之，侵蚀产生的临界剪切力值就较低。若按照这个推论，土壤临界剪切力与土壤水稳性团聚体应呈正相关关系，与实验结果较为一致。

当用土壤水稳性团聚体描述与土壤临界剪切力的关系时，玉米地、谷子地、大豆地和土豆地土壤水稳性团聚体与土壤临界剪切力拟合方程关系的决定系数分别为 0.52、0.76、0.44 和 0.48。可以看出，玉米地和谷子地拟合方程关系的决定系数要高于大豆地和土豆地，这说明用须根系作物土壤水稳性团聚体描述土壤临界剪切力的关系要好于直根系作物。

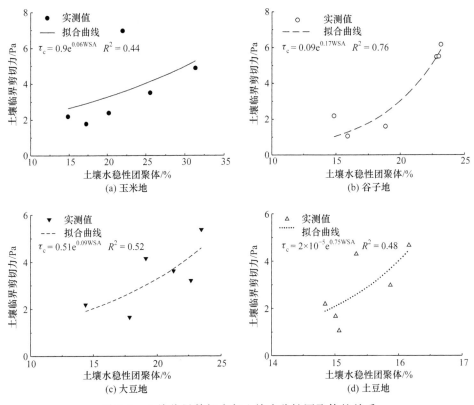

图 8-6　土壤临界剪切力与土壤水稳性团聚体的关系

8.2.3　作物根系

图 8-7 给出了玉米、谷子、大豆和土豆生长季内土壤临界剪切力随根重密度变化的趋势。如图 8-7 所示，土壤临界剪切力与根重密度整体上呈指数正相关关系。当用作物根重密度描述与土壤临界剪切力的关系时，玉米地、谷子地、

大豆地和土豆地土壤临界剪切力与根重密度拟合方程关系的决定系数分别为 0.63、0.81、0.23 和 0.48。可以看出，须根系玉米和谷子拟合方程关系的决定系数要高于直根系大豆和土豆，这说明用须根系作物根重密度描述土壤临界剪切力的关系要好于直根系作物。研究结果与 Gyssels 等（2006）土壤临界剪切力与根重密度没有显著的相关关系的研究结果不同。本书中直根系作物大豆地的研究结果与 Gyssels 等（2006）的研究结果类似。整体而言，随着作物根重密度的增加，四种作物地土壤临界剪切力呈增加趋势。作物根重密度的增加会增加土壤的固土效应，降低土壤的分离能力，土体抵抗坡面径流分离的能力增加，侵蚀产生的剪切力的临界值变大。按照这种推论，作物根重密度应与土壤临界剪切力存在正相关关系，研究结果在某种程度上验证了这个推论。

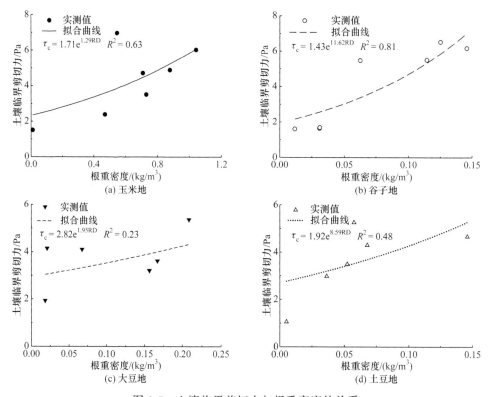

图 8-7　土壤临界剪切力与根重密度的关系

8.3　典型农耕地土壤临界剪切力季节变化模拟

在坡面流土壤侵蚀过程中，土壤临界剪切力在野外条件下通常是难以直接测量的。因此，利用易于测量的土壤属性建立模型来估算土壤临界剪切力是非

常必要的。在四种作物地中,利用根重密度和土壤黏结力建立土壤临界剪切力模拟方程:

$$\tau_c = a \times e^{(b \times RD + c \times SC)} \quad (8\text{-}1)$$

表 8-2 列出了模拟方程(8-1)中所有回归参数的值。

表 8-2 典型农耕地土壤临界剪切力模拟方程

作物地	模拟方程 $\tau_c = a \times e^{(b \times RD + c \times SC)}$				
	a	b	c	R^2	NSE
玉米地	0.63	−0.4	0.2	0.73	0.72
谷子地	0.71	4.92	0.12	0.84	0.84
大豆地	2.21	2.72	0.01	0.51	0.51
土豆地	2.4	5.3	0.003	0.53	0.53

在四种作物地中,土壤临界剪切力均能用土壤属性和根重密度进行模拟。四种作物地土壤黏结力与作物根重密度对土壤临界剪切力的模拟效果如图 8-8 所示。在土壤临界剪切力模拟方程(8-1)中,模型决定系数 R^2 介于 0.51～0.84,NSE 介于 0.51～0.84。玉米地和谷子地的实测值与模拟值构成散点相对分布在 1∶1 线的上方,大豆地和土豆地的实测值与模拟值构成散点也相对分布在 1∶1 线的上方,说明该模拟方程相对高估了实测值。根据模型决定系数 R^2 和有效系数 NSE,判断须根系作物玉米和谷子的模拟精度要高于直根系作物大豆和土豆的模拟精度。

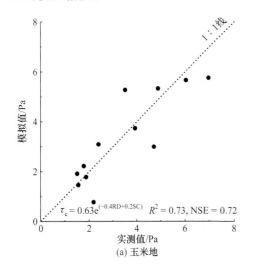
(a) 玉米地

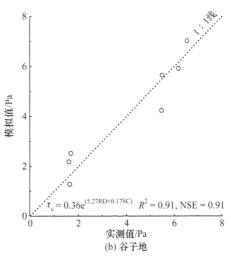
(b) 谷子地

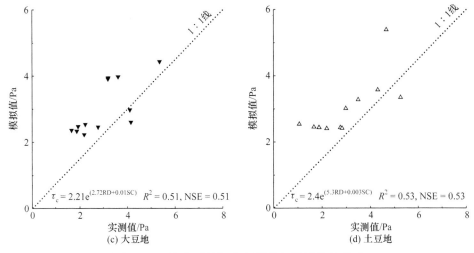

图 8-8　土壤临界剪切力实测值与模拟值的关系

8.4　本章小结

（1）在黄土高原地区典型农耕地作物生长季，土壤临界剪切力大致呈增加趋势。四种作物地土壤临界剪切力季节变化没有显著性差异（$p<0.05$）。玉米地土壤临界剪切力最大值和最小值分别出现在8月中旬和6月初；谷子地和大豆地土壤临界剪切力最大值和最小值分别均出现在9月下旬和5月底；土豆地土壤临界剪切力最大值和最小值分别出现在7月底和6月底。玉米地土壤临界剪切力平均值最大（3.44Pa），其次是谷子地（3.29Pa），大豆地和土豆地较小（3.03Pa，3.0Pa）。

（2）耕作等农事活动、土壤水稳性团聚体和作物根重密度可能是影响黄土高原地区典型农耕地土壤临界剪切力生长季变化的主要因素。随着土壤水稳性团聚体的增加和须根系作物密度的增大，土壤临界剪切力呈指数形式增加，土壤初始含水量与土壤临界剪切力没有明显函数关系。

（3）玉米地、谷子地、大豆地和土豆地土壤临界剪切力生长季的变化能够用土壤黏结力和根重密度较好地模拟（$0.51≤R^2≤0.84$，$0.51≤NSE≤0.84$）。

参　考　文　献

蔡强国, 王贵平, 陈永宗, 1998. 黄土高原小流域侵蚀产沙过程与模拟[M]. 北京: 科学出版社.

雷俊山, 杨勤科, 2004. 坡面薄层水流侵蚀实验研究及土壤抗冲性评价[J]. 泥沙研究, (6): 22-26.

雷廷武, Nearing M A, 2000. 水流作用下疏松土壤材料中细沟的再生及其临界剪应力的实验研究[J]. 农业工程学报, 16(1): 26-30.

刘纪根, 雷廷武, 2002. 坡耕地施加 PAM 对土壤抗冲抗蚀能力影响实验研究[J]. 农业工程学报, 18(6): 59-62.

刘纪根, 张平仓, 陈展鹏, 2010. 聚丙烯酰胺对扰动红壤可蚀性及临界剪切力的影响[J]. 农业工程学报, 26(7): 45-49.

唐科明, 2012. 草地土壤侵蚀季节变化及其影响机制[D]. 北京: 北京师范大学.

张科利, 唐克丽, 2000. 黄土坡面细沟侵蚀能力的水动力学实验研究[J]. 土壤学报, 37(1): 9-15.

张晴雯, 雷廷武, 潘英华, 等, 2004. 细沟侵蚀可蚀性参数及土壤临界抗剪应力的有理(实验)求解方法[J]. 中国科学院研究生院学报, 21(4): 468-475.

BENNETT S J, ROBINSON K M, KADAVY K C, 2000. Characteristics of actively eroding ephemeral gullies in an experimental channel[J]. Transactions of the American Society of Agricultural Engineers, 43(3): 641-649.

GHEBREIYESSUS Y T, GANTZER C J, ALBERTS E E, et al., 1994. Soil erosion by concentrated flow: shear stress and bulk density[J]. Transactions of the American Society of Agricultural Engineers, 1994, 37(6): 1791-1797.

GILLEY J E, ELLIOT W J, LAFLEN J M, et al., 1993. Critical shear stress and critical flow rates for initiation of rilling[J]. Journal of Hydrology, 142(1-4): 251-271.

GIMÉNEZ R, GOVERS G, 2002. Flow detachment by concentrated flow on smooth and irregular beds[J]. Soil Science Society of America Journal, 66(5): 1475-1483.

GYSSELS G, POESEN J, LIU G B, et al., 2006. Effects of cereal roots on detachment rates of single-and double-drilled topsoils during concentrated flow[J]. European Journal of Soil Science, 57(3): 381-391.

HANSON G J, COOK K R, 1999. Procedure to estimate soil erodibility for water management purposes[C]. Toronto: Advance in Water Quality Modeling International Meeting.

KING K W, FLANAGAN D C, NORTON L D, et al., 1995. Rill erodibility parameters influenced by long-term management practices[J]. Transactions of the American Society of Agricultural Engineers, 38(1): 159-164.

KNAPEN A, POESEN J, DE BAETS S, 2007a. Seasonal variations in soil erosion resistance during concentrated flow for a loess-derived soil under two contrasting tillage practices[J]. Soil & Tillage Research, 94(2): 425-440.

KNAPEN A, POESEN J, GOVERS G, et al., 2007b. Resistance of soils to concentrated flow erosion: a review[J]. Earth Science Reviews, 80(1): 75-109.

LAFLEN J M, BEASLEY R P, 1960. Effects of compaction on critical tractive forces in cohesive soils[R]. Research Bulletin Missouri Agricultural Experiment Station, 749.

MAMO M, BUBENZER G D, 2001a. Detachment rate, soil erodibility, and soil strength as influenced by living plant roots part i: laboratory study[J]. Transactions of the American Society of Agricultural Engineers, 44(5): 1167-1174.

MAMO M, BUBENZER G D, 2001b. Detachment rate, soil erodibility, and soil strength as influenced by living plant roots, part ii: field study[J]. Transactions of the American Society of Agricultural Engineers, 44(5): 1175-1181.

MORRISON J E, RICHARDSON C W, LAFLEN J M, 1994. Rill erosion of a vertisol with extended time since tillage[J]. Transactions of the American Society of Agricultural Engineers, 37(4): 1187-1196.

NEARING M A, WEST L T, BROWN L C, 1988. A consolidation model for estimating changes in rill erodibility[J]. Transactions of the American Society of Agricultural Engineers, 31(3): 696-700.

PASEKA I, IQBAL M Z, 2000. Comparison of numerical simulation of solute transport with observed experimental data in a silt loam subsoil[J]. Environmental Geology, 39(9): 977-989.

VAN KLAVEREN R W, MCCOOL D K, 1998. Erodibility and critical shear of a previously frozen soil[J]. Transactions of the American Society of Agricultural Engineers, 41(5): 1315-1321.

ZHANG G H, LIU G B, TANG K M, et al., 2008. Flow detachment of soils under different land uses in the Loess Plateau of China[J]. Transactions of the American Society of Agricultural Engineers, 51(3): 883-890.

第9章 展　　望

　　本书深入、系统地研究了黄土高原地区退耕驱动的土壤近地表特性变化对土壤侵蚀过程的影响，揭示了典型农耕地作物生长和退耕对侵蚀过程影响的动力机制，建立了适合于黄土高原地区的土壤分离能力计算模型和细沟侵蚀过程模型，对于深入理解该区退耕还林还草条件下土壤侵蚀水动力学机理、模拟侵蚀过程、评价退耕还林还草工程的水土保持效益与生态系统服务功能、制订区域水土保持战略以及促进土壤侵蚀与水土保持学科发展，具有重要的理论和实践意义。但是，本书在研究中只选择了黄土高原地区四种典型种植作物玉米、谷子、大豆和土豆，四种典型退耕草地赖草地、紫花苜蓿地、冰草地和柳枝稷地，探讨了根系生长对土壤入渗过程、分离过程和细沟可蚀性过程的影响。四种作物中，玉米和谷子为须根系，大豆和土豆为直根系。四种草中，冰草和柳枝稷为须根系，赖草和紫花苜蓿为直根系。实验结果表明，植被平均根径对土壤入渗过程和侵蚀过程具有重要影响，直根系作物对土壤侵蚀过程的影响难以定量评估。在今后的研究中，可考虑在本书实验基础上增加黄土高原地区不同植被类型，尤其是直根系植被各种根系特征参数对土壤入渗过程、侵蚀过程在时间尺度上变化影响的研究。

　　本书直接测量根重密度参数和土壤属性，并运用 CIAS 2.0 软件计算平均根径等各种参数，利用非线性回归分析的方法来构建土壤入渗、土壤分离能力、土壤细沟可蚀性与土壤属性和作物根重密度的关系，并用于土壤分离和细沟可蚀性模拟方程。模拟方程在适用范围及可扩展性方面还具有一定的局限性。在本书研究的基础上，可考虑引入作物生长模型的研究方法，深入探讨黄土高原地区不同物种、土壤和气候条件下各种植被根系对土壤入渗、侵蚀过程的影响，并建立基于多年观测数据的土壤侵蚀过程预报模型。

　　随着土壤黏结力、土壤容重、土壤水稳性团聚体和作物根重密度的增加，土壤临界剪切力没有显著的生长季变化趋势。土壤临界剪切力在时间尺度上的变化规律及其驱动机制还有待于进一步研究。